喷泉码理论与应用

邓克岩 著

中国科学技术出版社

·北 京·

图书在版编目（CIP）数据

喷泉码理论与应用 / 邓克岩著. –– 北京：中国科学技术出版社，2024.12. –– ISBN 978-7-5236-1244-6

I. TN911.22

中国国家版本馆 CIP 数据核字第 2025KN4372 号

策划编辑	王晓义
责任编辑	徐君慧
封面设计	郑子玥
责任校对	邓雪梅
责任印制	徐　飞
出　　版	中国科学技术出版社
发　　行	中国科学技术出版社有限公司
地　　址	北京市海淀区中关村南大街 16 号
邮　　编	100081
发行电话	010-62173865
传　　真	010-62173081
网　　址	http://www.cspbooks.com.cn
开　　本	710mm×1000mm　　1/16
字　　数	160 千字
印　　张	7.5
版　　次	2024 年 12 月第 1 版
印　　次	2024 年 12 月第 1 次印刷
印　　刷	涿州市京南印刷厂
书　　号	ISBN 978-7-5236-1244-6/TN·64
定　　价	59.00元

（凡购买本社图书，如有缺页、倒页、脱页者，本社销售中心负责调换）

前　　言

随着第四代和第五代数字蜂窝移动通信网络的大规模建设、部署以及未来第六代数字蜂窝移动通信网络的陆续商用，人类社会也随之进入了移动互联网、大数据和万物互联时代. 在这样的背景下，智能移动终端的应用场景将会体现在人类生产和生活的方方面面，海量的多媒体信息需要通过智能移动终端实现在无线通信网络中的传输. 这些发展和变化势必对无线通信网络的性能提出越来越高的要求，希望无线通信网络能够提供更加卓越的网络服务，以满足人们多样化的信息通信需求. 其实，人们对无线通信网络的要求归根结底还是体现在无线通信网络性能的两方面，即更高的有效性和可靠性.

通信是以信号的形式在通信系统中传输消息中包含的信息. 信道中各类噪声、干扰和衰落的存在，使得信号在经过通信系统传输时波形发生失真，导致接收端信号的错误判决，最终使得传输信号的误码率上升和通信系统的可靠性下降. 实现信息有效且可靠地传递是保证信息发挥巨大作用的前提. 但是，通信系统中信号和噪声的随机性，使得信息在通信系统中有效且可靠地传输始终是一个挑战.

针对信息传输在通信系统中存在的问题，通常引入差错控制技术来提高传输的可靠性. 克劳德·艾尔伍德·香农指出：在有扰信道中，实现信息有效且可靠地传输的途径是通过信道编码的方式实现差错控制. 信道编码是在待传输数字基带信号中人为地按照一定的检错或纠错算法加入冗余码元（也称为校验码元），从而使得经过编码后送入信道的信息具有一定的检错或者纠错能力，即产生检错码或纠错码. 接收端的信道译码器会根据检错、纠错算法发现传输中可能出现的差错，并能够进行相应纠错，以提高通信系统传输的可靠性. 增加的冗余符号越多，检错和纠错能力就越强，但是通信系统的传输效率就会越低，所以信道编码的任务是构造出以最小冗余度代价换取最大抗干扰性能的"好码"，使通信系统具有一定的纠错能力和抗干扰能力，降低通信系统的误码率.

喷泉码是一种无码率的信道编码（简称无率码），在删除信道下具有接近香农限的优良特性，并且能够根据信道状况提供更加灵活且有效的信息传输前向纠错（FEC）方案，非常适合于信息包之间的编码. 相较于传统的固定码率码，喷泉码在性能、复杂度、灵活性等方面具有很强的优势.

本书主要介绍喷泉码的理论基础和应用，重点着眼于喷泉码的理论基础，包括喷泉码的编码原理、译码原理、度分布分析方法和译码性能分析原理，并在此基础上，重点关注了喷泉码在手持数字视频广播（DVB-H）网络中的应用原理和性能分析方法，以及喷泉码在各种多媒体信息传输中的编译码应用方案和采用MATLAB GUI 可视化编程的实现方法.

本研究工作和本书的撰写得到了西北民族大学中央高校基本科研业务费项

目（重大需求培育项目，项目编号 31920220173）、西北民族大学中央高校基本科研业务费项目（项目编号 31920230006）、甘肃省生态环境智联网研究中心平台、西北民族大学创新创业教育示范课程（项目编号 2024XJCXCYSFKC03）、西北民族大学本科教学质量提高项目（一流本科课程）、西北民族大学本科人才培养质量提高项目（教育教学改革研究一般项目，项目编号 2022XJJG-05）、西北民族大学引进人才科研项目（项目编号 xbmuyjrc201919）的资助，在此表示衷心感谢. 衷心感谢张国恒教授对本书的关心和大力支持，并提出了宝贵的意见和建议. 研究生姚非、贾小慧、王嘉伟和牛群皓参与了部分校对工作. 中国科学技术出版社，西北民族大学科研处，信息学部和电气工程学院对本书的出版给予了大力支持，在此表示衷心感谢. 本书在编写过程中参考了许多文献资料，详见文后的参考文献部分，在此对相关作者致以诚挚的谢意！

由于种种原因，书中不可避免会存在不足之处，敬请读者批评指正.

符　　号

$\Omega(x)$	校验节点的节点度分布
Ω_i	具有度为 i 的校验节点在校验节点中所占的比例
$\omega(x)$	校验节点的边度分布
ω_i	一条边连接到度为 i 的校验节点的概率
$\Lambda(x)$	变量节点的节点度分布
Λ_i	具有度为 i 的变量节点在变量节点中所占的比例
$\lambda(x)$	变量节点的边度分布
λ_i	一条边连接到度为 i 的变量节点的概率
ρ_{avg}	校验节点的平均度
μ_{avg}	变量节点的平均度
$\Omega'(x), \Lambda'(x)$	$\Omega(x)$ 和 $\Lambda(x)$ 对 x 的导数
$\Omega_{rs}(k_{rs}, \delta, c)$	鲁棒孤波度分布
$\Omega^R(x)$	固定度分布
$\mathcal{LT}(k, \Omega(x))$	信息符号长度为 k，校验节点的节点度分布为 $\Omega(x)$ 的 LT 码
$p(y_i|x_i)$	发送端发送 x_i，接收端收到 y_i 的条件概率密度函数
L_i	发送 BPSK 调制符号 x_i，接收端接收到 y_i 的条件下，每个编码比特的信道对数似然比
$L_{c_j \to v_i}^{(l)}$	校验节点的软信息更新规则
$L_{v_i \to c_j}^{(l)}$	变量节点的软信息更新规则
$\mathcal{F}_{EW}(\Pi, \Gamma, \Omega^{(1)}, \cdots, \Omega^{(r)})$	具有 r 个扩展窗的 EWF 码
$\Omega^{(j)}(x)$	EWF码中第 j 个窗对应的校验节点的节点度分布
$\rho_{avg}^{(j)}$	EWF码中第 j 个窗对应的校验节点的平均度
$\omega^{(j)}(x)$	EWF码中第 j 个窗对应的校验节点的边度分布
$\Lambda^{(j)}(x)$	EWF码中第 j 个窗中变量节点的节点度分布
$\mu_{avg}^{(j)}$	EWF码中第 j 个窗中变量节点的平均度
$\lambda^{(j)}(x)$	EWF码中第 j 个窗中变量节点的边度分布
$\Lambda^M(x), \lambda^M(x)$	MIB 的节点度分布和边度分布

$\Lambda^L(x), \lambda^L(x)$	LIB 的节点度分布和边度分布
$\mu_{avg}^{MIB}, \mu_{avg}^{LIB}$	MIB 和 LIB 的平均度
$I_{A,C}$	CND 的输入互信息
$I_{E,C}$	CND 的输出互信息
$I_{A,V}$	VND 的输入互信息
$I_{E,V}$	VND 的输出互信息
ε_t	发送端的编码开销
ε_r	接收端的接收译码开销

缩 略 语

ACK	Acknowledgement，应答
AL	Application layer，应用层
ARQ	Automatic repeat reQuest，自动反馈重发
BEC	Binary erasure channel，二进制删除信道
BER	Bit error rate，误比特率
BIAWGN	Binary input additive white Gaussian noise，二进制输入加性高斯白噪声
BL	Base layer，基本层
BP	Belief propagation，置信传播
BPSK	Binary phase shift keying，二进制相移键控
BSC	Binary symmetric channel，二进制对称信道
CLT	Central limit theorem，中心极限定理
CND	Check-node decoder，校验节点译码器
CRC	Cyclic redundancy check，循环冗余校验
CSI	Channel state information，信道状态信息
DF	Digital fountain，数字喷泉
DVB-H	Digital video broadcasting-handheld，手持数字视频广播
EEP	Equal error protection，等差错保护
EL	Enhancement layer，增强层
EWF	Expanding window fountain codes，扩展窗喷泉码
EXIT	Extrinsic information transfer，外部信息转移
FEC	Forward error correction，前向纠错
GA	Genetic algorithm，遗传算法
GF	Galois fields，伽罗华域
GOP	Group of picture，图像组
HEC	Hybrid error correction，混合纠错
HEVC	High efficiency video coding，高效率视频编码
H-QPSK	Hierarchical QPSK，等级 QPSK
ISD	Ideal Soliton Distribution，理想孤波度分布
LDPC	Low density parity-check codes，低密度奇偶校验码

LIB	Least important bit，次重要比特
LIS	Least important symbol，次重要符号
LLR	Log-likelihood ratio，对数似然比
LT	Luby transform，Luby 变换码
MIB	Most important bit，重要比特
MIS	Most important symbol，重要符号
NL	Network layer，网络层
PDF	Probability density function，概率密度函数
PGF	Probability generating function，概率生成函数
PL	Physical layer，物理层
PSNR	Peak signal to noise ratio，峰值信噪比
RLC	Random linear coding，随机线性码
RSD	Robust soliton distribution，鲁棒孤波度分布
SER	Symbol error rate，误符号率
SNR	Signal-to-noise ratio，信噪比
SPA	Sum product algorithm，和积译码算法
SVC	Scalable video coding，可扩展视频编码
TS	Transport stream，传输流
UEP	Unequal error protection，不等差错保护
URT	Unequal recovery time，不等恢复时间
VND	Variable-node decoder，变量节点译码器

目　　录

第 1 章 绪 论

通信是以信号的形式在通信系统中传输消息中包含的信息. 信道中各类噪声（窄带噪声、脉冲噪声和起伏噪声）、干扰和衰落（瑞利衰落和莱斯衰落）的存在，使得信号在经过通信系统传输时波形发生失真，导致接收端信号的错误判决，最终使得传输信号的误码率上升和通信系统的可靠性下降. 从信息传输的角度考虑，衡量通信系统性能的指标包括有效性和可靠性. 但是，通信系统中信号和噪声的随机性，使得信息在通信系统中有效且可靠地传输始终是一个挑战. 针对信息传输在通信系统中存在的问题，通常引入差错控制技术来提高传输的可靠性.

1.1 喷泉码研究背景及意义

1948 年，克劳德·艾尔伍德·香农（Claude Elwood Shannon）发表了著名论文《通信的数学理论》[1,2]. 该论文为采用信道检错、纠错编码进行差错控制的可行性奠定了坚实的理论基础，标志着信息与编码理论这一学科的创立. 香农指出：在有扰信道中，实现信息有效且可靠地传输的途径是通过信道编码的方式实现差错控制.

依据香农的信息理论，数字通信系统的基本组成结构如图 1.1 所示 [3,4]. 信源将语音、图像、视频等可能的消息转换为原始电信号；信源编码器对由信源送来的原始电信号进行降低冗余度的编码，目的是减少码元数目和降低码元速率，提高通信系统传输的有效性，即信源编码是一种有效性编码. 信道编码是将信源编码输出的数字基带信号人为地按照一定的检错或纠错算法加入冗余码元，使得经过编码后送入信道的信息具有一定的检错或者纠错能力，即产生检错码或纠错码. 信道中存在的噪声使得经过信道传输的信息会产生差错，接收端的信道译码器会根据检错、纠错算法发现传输中可能出现的差错，并能够进行相应纠错，以提高通信系统传输的可靠性，所以信道编码是一种可靠性编码. 信道译码器的输

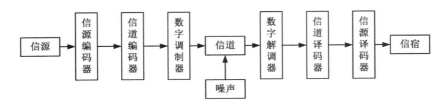

图 1.1 数字通信系统框图

出信号经过信源译码器处理后就可以得到消息对应的原始电信号, 最终在信宿处恢复所发送的原始消息.

从上述用户消息在数字通信系统中的传输过程可知, 采用信道编码对信源输出信息进行差错控制可以提高数字通信系统中信息传输的可靠性. 根据采用信道编码实现差错控制的方法不同, 在噪声信道中常采用的差错控制方式有 ARQ[5] 和 FEC. ARQ 差错控制方式是在发送端和接收端之间建立两条信道, 一条为正向信道, 用于信息的传送, 另一条作为反馈信道. 在正向信道上, 发送端传送具有检错能力的码字, 接收端对每次接收的数据帧进行检测以判断有无传输差错, 然后在反馈信道上给发送端回送一个确认信息, 发送端依据接收到的确认信息判断是发送下一个数据帧还是重新发送本数据帧. 采用 ARQ 差错控制机制, 可以很好地提高信息传输的可靠性. 但是在恶劣的信道条件下, 由于重传次数过多, 传输时延增大从而影响系统的吞吐量, 在多播和广播传输时甚至会引起反馈内爆 (Feedback Implosion), 严重影响了系统的性能. 为了避免频繁反馈产生的上述问题, 在实际通信系统中具有一定纠错能力的信道编码被广泛应用. FEC 差错控制方式是发送端按照一定的纠错算法在需要发送的信息后面加入冗余码元, 使得编码后的码元序列具有一定纠错能力, 在接收端会根据检错、纠错算法发现传输中可能出现的差错, 并能够进行相应纠错. FEC 差错控制方式的优点在于不需要反馈信道和信息重传, 从而没有重传时延并能够在接收端自动纠正传输差错, 因此非常适合于在多播和广播系统中使用.

用于实现 FEC 差错控制的信道编码, 如 RS 码[6]、低密度奇偶校验码 (LDPC) 码[7,8] 和 Turbo 码[9,10] 等为固定码率的编码. 固定码率码会根据提前估计的信道状态信息 (CSI) 来设定编码码率并进行编码传输. 但是实际的信道状况是随时变化的, 如果实际信道状况优于估计状况, 则依照所设定的码率进行编码传输将造成冗余信息太多, 从而降低了传输效率; 而如果实际信道状况比估计状况恶劣, 则会造成编码码率太低无法满足实际需求, 从而使系统性能恶化.

喷泉码[11,12]是一种无率码[13]（rateless code），可由有限多个信息符号产生无限多个编码符号，并且所产生的编码符号之间是相互独立的，即接收端只需要根据信道状况接收相应数量的编码符号就可以实现正确译码，而与接收的是哪一个编码符号无关. 如果信道状况好，则只需要接收稍大于信息符号长度的编码符号就可以实现信息符号的正确译码；如果信道状况差，则需要接收更多的编码符号. 所以，对于喷泉码来说，信息符号正确恢复所需要的编码符号数量由实际信道状况决定. 因此，相较于传统的固定码率码，喷泉码能够根据信道状况提供更加灵活且有效的信息传输的 FEC 方案，并且喷泉码非常适合于信息包之间的编码. 正因为喷泉码相较于固定码率码在性能、复杂度、灵活性等方面的优势，已经将喷泉码作为 DVB-H 标准[14]和第三代合作伙伴计划（Third-Generation Partnership Project，3GPP）的多媒体广播组播服务（Multimedia Broadcast Multicast Service，MBMS）标准的 FEC 方案[15].

传统的喷泉码为信息符号提供等差错保护（EEP），即将每个信息符号视为同一重要性等级，给每个符号提供相同的保护. 而在许多实际应用中，如采用 JPEG 2000 标准[16]压缩后的图像，采用 H.264 AVC 标准[17]、H.264 SVC 标准[18]和 H.265 标准[19,20]压缩后的视频，由于经过压缩后各个信息符号对于原始消息的恢复具有不同的贡献和作用，所以信息符号的重要性是截然不同的. 信息符号的这种特性势必要求对重要性等级高的信息符号在进行信道编码时要进行更多的保护[21]，即要求对信息符号提供不等差错保护（UEP）.

由于喷泉码的无率特性，以及在实现 EEP 和 UEP 编码传输方面的灵活性和低复杂性，使得基于喷泉码编码的信息传输技术具有很强的理论研究价值和实际应用价值，从而得到了广泛的关注和研究.

1.2　喷泉码研究现状

1998 年，拜尔斯（Byers）和卢比（Luby）等人首先提出了数字喷泉（DF）的概念[11]，目的在于提高删除信道下译码可靠性并降低编码冗余度，从而最终提高信息传输的效率. 但是当时并没有给出实用喷泉码的设计方案. 2002 年，Luby 提出了第一种具有实际应用价值的喷泉码——LT 码[22]；2006 年，肖克罗拉（Shokrollahi）提出了一种基于 LT 码加以改进的喷泉码——Raptor 码[23]. Raptor 码是将弱化的 LT 码与内码（如 LDPC 码）级联后的、具有线性译码复杂度的喷泉码. Raptor 码可以消除 LT 码译码存在的错误平层（error floor），具有更好的译码性能. 下面从喷泉码的 6 个研究方向对喷泉码研究现状进行阐述.

1.2.1 喷泉码在多种信道上的扩展应用研究

LT 码和 Raptor 码在二进制删除信道（BEC）下具有接近香农限的优良特性，所以初始对喷泉码的研究仅限于二进制删除信道. 但是由于喷泉码相较于固定码率码在性能、复杂度、灵活性等方面的优势，对喷泉码在噪声信道上的应用和研究吸引了众多研究人员的兴趣和关注. 2004 年，文献 [24] 研究了 LT 码在二进制对称信道（BSC）和加性高斯白噪声（AWGN）信道的性能. 2006 年，文献 [25] 对 Raptor 码在二进制输入无记忆对称信道上的性能进行了研究. 文献 [26,27] 将喷泉码成功地推广到衰落信道. 在无线中继信道上喷泉码的应用得到了广泛的研究 [28,29]. 文献 [30－34] 对喷泉码在二进制输入加性高斯白噪声（BIAWGN）信道上的性能进行了研究. 文献 [35,36] 对喷泉码在协作通信系统中的应用进行了研究. 文献 [37] 研究了喷泉码在深空通信系统中的应用. 文献 [38] 研究了喷泉码在卫星通信系统中的应用. 文献 [39] 对喷泉码在无线传感器网络中的应用进行了研究. 同时，喷泉码也应用到了 MIMO 信道中 [40]. 文献 [41] 研究了喷泉码在 DVB-H 网络中的应用. 文献 [42,43] 将喷泉码应用于可见光通信系统中.

1.2.2 喷泉码的度分布研究

在喷泉码编码过程中，编码器依据预先采用的校验节点的节点度分布随机选择变量节点参与编码从而产生相应的校验节点，所以校验节点的节点度分布对喷泉码的译码性能具有直接的决定作用和影响. 为此一些经典的校验节点度分布被相继提出并得到了广泛应用 [12,22,23]. 文献 [44] 为 LT 码提出了一种新的度分布. 文献 [45－47] 通过不同的方法为 LT 码提出了优化的度分布. 文献 [48] 对无线传感器网络中分布式喷泉码的度分布设计进行了研究. 文献 [49] 提出了在一个具有两个信源和一个中继节点的容断网络（Disruption Tolerant Networks，DTN）中度分布的优化设计方法.

1.2.3 喷泉码低复杂度的高效译码方法研究

最初阶段，喷泉码都用于如同因特网（Internet）的删除信道. 在删除信道下，喷泉码采用置信传播（BP）译码算法 [12,22] 和高斯消元法（Gaussian Elimination，GE）[50] 进行有效译码. BP 算法是一种迭代译码算法，通常将用于二进制删除信道中的 BP 译码算法称为硬判决 BP 译码算法. 在二进制删除信道中，用最大似然准则（Maximum Likelihood，ML）对线性分组码进行译码的本质是求解线性方程组 [51]. 喷泉码是一种稀疏的线性分组码，所以可以采用 GE 译码算法对喷泉码进行译码，即求解稀疏线性方程组. GE 译码算法可以分为两种实现方式,即增量高斯消元(Incremental Gaussian Elimination,IG)译码算法[52] 和即时高斯消元(On the Fly Gaussian Elimination,OFG)译码算法[53].

GE 译码算法的复杂度会随着输入符号数目的增大而急剧增大,而 BP 译码算法的复杂度低,实现简单且译码速度快. 但是 BP 译码算法的不断迭代完全依赖于度为 1 的编码符号的数量,如果迭代译码过程中找不到度为 1 的编码符号则译码停止. 为此接收端需要接收更多的编码符号才能实现正确译码,导致接收端的译码开销很大. 针对上述存在的问题,文献 [54−56] 提出将 BP 译码算法与 ML 或 GE 译码算法相结合的混合译码算法.

在噪声信道中,接收的编码符号已经受到了噪声的影响,不能采用删除信道中所采用的译码算法. 通常在噪声信道中,接收端利用信道接收符号的软信息(对数似然比),并将软信息在变量节点与校验节点之间的传递、交换和更新作为译码的依据[57,58],这种译码算法被称为软判决 BP 译码算法[59]. 根据其译码原理,该译码算法又称为和积译码算法(SPA)[60]. 由于和积译码算法中双曲正切函数运算量太大使得译码复杂度非常高,研究人员针对和积译码算法存在的问题提出了最小和(Min Sum,MS)译码算法[61,62]. 虽然 MS 算法降低了和积译码算法的译码复杂度,但是会导致译码性能的下降[63]. 为此,文献 [64] 提出了 MS 译码算法的两种改进版本.

1.2.4 喷泉码实现不等差错保护研究

LT 码和 Raptor 码能够通过编码向信息符号提供等差错保护,这种 FEC 方案非常适合于大批量数据的传送[11]. 然而在实际的许多应用中[16−18,65,66],所要发送的信息符号具有不同的重要性等级,如在 MPEG 视频序列[66] 中 I 帧比 P 帧更加重要,所以需要在传输中得到更多的编码保护. 因此,针对实际中所要发送信息符号对不等差错保护的需求,研究人员先后又进行了大量的基于喷泉码的 UEP 编码技术和传输技术方面的研究.

Rahnavard 首先提出了第一种具有 UEP 特性的喷泉码[21,67,68],该 UEP 喷泉码是依据信息符号的不同重要性等级分别设置不同的权重因子,即以不同的选择概率来选取信息符号参与编码从而产生编码符号,其中重要性等级越高的符号会以更大的概率被选取参与编码进而获得更大的平均变量节点度,因此能够以更高的概率被成功恢复. 由于是在 LT 编码过程中通过给不同重要性等级的信息符号分配不等选择权重来实现 UEP,这种喷泉码称为加权类 UEP 喷泉码.

后来 Sejdinović 等人提出了扩展窗喷泉(EWF)码[69−71]. 2007 年,Bogino 等人提出了一种在 LT 编码过程中采用滑动窗方式获得 UEP 的滑动窗喷泉码[72]. 2010 年,Pasquale 等人将 LT 码的滑动窗编码方法扩展到了 Raptor 码[73]. 上述

UEP 喷泉码都是通过给信息符号加窗的方式来使得喷泉码具有 UEP 特性，因此称为加窗类 UEP 喷泉码.

在后续基于喷泉码的 UEP 研究中，众多研究人员在加权类 UEP 喷泉码和加窗类 UEP 喷泉码的基础上，对二者进行结合或者进行改进得到了许多新的 UEP 实现方案. 2010 年，袁磊等人结合加权 UEP-LT 码和 UEP-LDPC 码提出了一种新的 UEP-Raptor 码 [74]. Ahmad 等人提出了通过复制扩展的方法来实现 UEP 的方案 [75,76]. 2012 年，倪春亚等人结合扩展窗喷泉码和复制虚拟扩展方案提出了一种新的 UEP 喷泉码方案 [77]. 2014 年，文献 [78] 通过将加权方法与文献 [73] 中的滑动窗方法相结合提出一种新的 UEP 喷泉码. 2016 年，袁磊等人提出一种有效的 UEP 喷泉码编码方案 [79]，该 UEP 方案保留了文献 [75,76] 中的扩展过程，而将复制过程利用不同码率的 LDPC 码进行替代从而实现 UEP.

以上基于喷泉码的 UEP 实现都是在无中继的网络中进行研究，针对无线中继网络，文献 [80] 提出了一种基于分布式喷泉码的 UEP 实现方案. 文献 [81] 研究了在具有一个信源节点、多个中继节点和一个信宿节点的无线中继网络中基于喷泉码的 UEP 实现算法.

1.2.5　喷泉码的译码性能分析研究

信息符号在喷泉码编码后经过二进制删除信道传输到达接收端，接收端采用硬判决 BP 译码算法进行译码，硬判决 BP 译码算法的译码性能以及每个信息符号的正确恢复概率可以通过与或树（And-Or Tree）[82] 来渐近分析、预测和计算. 基于二部图的与或树分析技术首先用于 LDPC 码错误性能的渐近分析，由于喷泉码也可以用二部图来表示，因此可以运用与或树对喷泉码的译码性能进行有效的分析和评估. 文献 [21,68－70,83] 给出了喷泉码在二进制删除信道下采用与或树进行渐近性能分析的计算表达式.

在 AWGN 信道上，接收端采用软判决 BP 译码算法进行译码，软判决 BP 译码算法的译码性能以及每个信息符号的正确恢复概率可以通过外部信息转移（EXIT）图 [84－90] 来渐近分析、预测和计算. 文献 [30] 中给出了 LT 码在 AWGN 信道下 EXIT 函数的计算表达式. 文献 [91] 给出了 EWF 码在 AWGN 信道下 EXIT 函数的计算表达式.

1.2.6　带中间反馈喷泉码的应用研究

基于喷泉码的无率特性，发送端在无需知道当前信道状态信息的条件下，可由有限个信息符号即时产生无穷多个编码符号，即发送端无需等待接收来自接收端的关于信道的反馈信息，而源源不断地向接收端发送编码符号最终能够实现信息符号的正确译码,所以通常喷泉码无需反馈就能够实现信息的正确传送. 然而,由于喷泉码译码算法存在雪崩效应 [12],使得当接收端接收的编码符号数量非常少的时候,接收端能够正确恢复出的信息符号数量非常少,这表明喷泉码具有很差的中间性能 [92]. 为了改善喷泉码的中间性能,带中间反馈的喷泉码已经得到广泛的研究 [93–99].

1.3   差错控制编码的相关概念

喷泉码是一种能够实现 FEC 方式的差错控制编码. 本节将对差错控制编码的相关概念进行介绍 [100–102].

1.3.1   差错控制

1.3.1.1   差错

数字信号在通信系统中传输不可避免地会受到信道中噪声、干扰和衰落的影响,使得接收端抽样判决器会发生错误判决,最终导致接收端出现错误接收,这种错误接收称为差错.

信道中的起伏噪声(如热噪声、散弹噪声和宇宙噪声)会引起信息码元序列中码元出现随机的差错,这种码元的差错是随机且独立出现的,称为随机差错.信道中的脉冲噪声(如电火花、天电干扰中的雷电)会引起信息码元序列中部分连续码元出现差错,这种码元的差错是成串出现的,称为突发差错.

1.3.1.2   差错控制

随机差错和突发差错的存在会导致通信系统传输性能的下降,严重影响通信的质量. 在通信过程中,因为信息码元序列是一种随机序列,接收端无法预知码元的取值,也无法识别其中有无错码,所以需要通过某种方法,发现并纠正传输中出现的错误,即需要在通信系统中进行差错控制.

差错控制有两种基本思想:一是接收端能够发现传输错误但无法自动纠错,通过请求发送端重新发送数据等方式达到正确传输的目的;二是接收端能够发现传输错误并能够自动纠错以达到正确传输的目的.

1.3.2 差错控制编码

1.3.2.1 差错控制编码

为了在通信系统中实现差错控制,使得接收端能够发现或者纠正传输错误,发送端需要在信息码元序列中加入一些用于差错控制的码元,称为监督码元,这些监督码元与信息码元之间存在确定的关系.这种在信息码元序列中附加监督码元的过程就称为差错控制编码,差错控制编码是一种信道编码.

1.3.2.2 差错控制编码的基本思想

差错控制编码的基本思想为:发送端在信息码元之后附加一些监督码元,这些附加的多余码元(冗余码元)与信息码元之间以某种确定的规则相互关联;接收端按照既定的规则检验监督码元与信息码元之间的关联关系(约束关系),如这种规则受到破坏,接收端就可以发现传输过程中出现的错误,并可以纠正这些错误.显然,差错控制编码是利用编码的方法对传输中产生的差错进行控制,以提高通信系统传输的可靠性.

可见,差错控制编码是通过加入一些冗余的码元来提高通信系统的可靠性,而且加入的监督码元越多,检错和纠错能力就会越强,但是通信系统的有效性就会越低,所以差错控制编码是通过牺牲系统的有效性来换取系统的可靠性.因此,我们总是期待构造出以最小冗余度代价换取最大抗干扰性能的"好码".

1.3.2.3 差错控制编码的分类

差错控制编码一般有以下 6 种分类方式.

(1)按照差错控制编码的不同功能,可以分为:

① 检错码.仅能检测码字中出现的错误.

② 纠错码.检测并纠正码字中出现的错误.

(2)按照信息码元和附加的监督码元之间的检验关系,可以分为:

① 线性码.监督码元与信息码元之间的关系为线性关系,即监督码元与信息码元之间的关系满足一组线性方程.

② 非线性码.监督码元与信息码元之间不存在线性关系.

(3)按照信息码元和监督码元之间的约束方式不同,可以分为:

① 分组码.先将信息码元序列以每 k 个码元为单位分成一个个独立的信息组,编码器再对每个信息组按照一定规律产生 r 个冗余的监督码元,形成一个长为 $n = k + r$ 的码字.这 r 个监督码元仅与本码字的信息码元有关,而与其他码字的信息码元无关,接收端仅仅利用本码字进行译码.

② 卷积码. 虽然编码后序列也划分为码字, 但监督码元不但与本码字的信息码元有关, 而且与前面码字的信息码元也有约束关系, 并且接收端还要利用前面的码字进行译码.

（4）按照信息码元在编码后是否保持原来的形式不变, 可以分为:

① 系统码. 信息码元和监督码元在码字内有确定的位置, 编码后的信息码元保持原样不变. 一般信息码元集中在码字的前 k 位, 而监督码元集中在后 $r\,(r=n-k)$ 位.

② 非系统码. 编码后的信息码元发生变化.

（5）按照纠正错误的类型不同, 可以分为:

① 纠正随机错误的码. 用于纠正随机差错.

② 纠正突发错误的码. 用于纠正突发差错.

（6）按照每个码元取值不同, 可以分为:

① 二进制码.

② 多进制码.

1.3.3　差错控制方式

采用差错控制编码实现差错控制的方法不同, 从而形成了不同的差错控制方式. 常用的差错控制方式有如下 3 种.

1. 检错重发（ARQ）

发送端通过正向信道发送能够检测错误的检错码, 接收端利用编码规则检测接收码字中是否存在错误, 并将检测结果通过反馈信道发给发送端. 若接收码字正确, 则接收端通过反馈信道向发送端发送 "ACK", 发送端继续发送下一个码字; 若接收码字出现错误, 则接收端通过反馈信道向发送端发送 "NAK", 要求发送端将出错的码字重新发送, 直到接收端正确接收为止. 该差错控制方式的特点是双向信道工作.

2. 前向纠错（FEC）

发送端发送能够纠正错误的纠错码, 接收端利用编码规则检测并纠正接收码字中存在的错误. 该差错控制方式的特点是单向信道工作.

3. 混合纠错（HEC）

发送端发送能够检测并纠正错误的纠错码, 接收端利用编码规则检测并纠正接收码字中存在的错误. 如果错误个数在该编码的纠错能力范围之内则自动纠错, 若错误个数超出了该编码的纠错能力范围, 则通过反馈信道要求发送端重新发送该码字. 该差错控制方式的特点是双向信道工作. HEC 实际上是 ARQ 和 FEC 的结合.

1.4　线性分组码的编码原理

喷泉码是一种线性分组码. 本节对线性分组码的编码原理进行介绍 [100–102].

1.4.1　分组码

在信道编码时, 首先将信息码元序列以每 k 个码元为单位分成一个个独立的信息组, 然后对每个信息组按照一定规律产生 r 个监督码元, 最后组成一个长为 $n = k + r$ 的码字. 如果这 r 个监督码元仅与本码字的 k 个信息码元有关, 而与其他码字的信息码元无关, 接收端也仅利用本码字进行译码, 则这种码称为分组码. 分组码用符号 (n, k) 表示, 其中 n 是码字长度, k 为信息码元数目, $r = n - k$ 为监督码元数目. 这样, (n, k) 分组码的编码效率 (码率) 为 $R = k/n$. (n, k) 分组码的码字结构如图 1.2 所示.

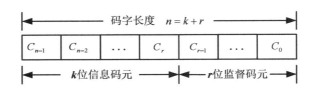

图 1.2　(n, k) **分组码的码字结构**

1.4.2　线性分组码

分组码是建立在代数结构基础上的信道编码, 即利用代数关系式产生监督码元. 线性分组码是分组码中最重要的一类码, 其监督码元与信息码元之间的关系由线性方程决定.

当分组码的信息码元与监督码元之间的关系为线性关系时 (信息位和监督位满足一组线性方程), 即其编码规则可用一组线性方程来描述, 这种分组码就称为线性分组码. 例如奇偶校验码、汉明码、循环码和 LDPC 码.

线性分组码的编码过程如下.

(1) 将信息码元序列按一定长度分成若干个信息码组, 每个信息码组由 k 个信息码元组成.

(2) 编码器按照预定的线性规则 (可由线性方程组表示), 由每个信息码组的 k 个信息码元产生 r 个监督码元, 每个监督码元是由 k 个信息码元中某些信息码元模 2 加运算得到的.

（3）由 k 个信息码元与 r 个监督码元共同组成一个码长为 $n = k + r$ 的码字.

k 个信息码元能够形成 2^k 个不同信息码元序列，称为 k 元组. n 个码字码元能够形成 2^n 个不同码字码元序列，称为 n 元组. 编码的过程就是将每个 k 元组映射得到 2^n 个 n 元组中的一个.

1.4.3 线性分组码的编码原理

若 $k = 3$，$r = 4$，则构成 $(7,3)$ 线性分组码. 其码字为

$$(c_6, c_5, c_4, c_3, c_2, c_1, c_0)$$

其中，c_6, c_5, c_4 为信息码元，c_3, c_2, c_1, c_0 为监督码元，每个码元取 "0" 或者 "1".

这样，监督码元可以按照如下线性方程组计算得到：

$$\begin{cases} c_3 = c_5 + c_4 \\ c_2 = c_6 + c_5 \\ c_1 = c_6 + c_5 + c_4 \\ c_0 = c_6 + c_4 \end{cases} \tag{1.4.1}$$

上述确定由信息码元得到监督码元的规则所对应的线性方程组称为监督方程，所有码字都按照同一规则确定，因此又称为一致监督方程. 显然，上述监督方程是线性的，即监督码元与信息码元之间是线性运算关系，所以由线性监督方程所确定的分组码是线性分组码.

该监督方程可以进一步写为：

$$\begin{cases} 0 \cdot c_6 & + 1 \cdot c_5 & + 1 \cdot c_4 & + 1 \cdot c_3 & + 0 \cdot c_2 & + 0 \cdot c_1 & + 0 \cdot c_0 & = 0 \\ 1 \cdot c_6 & + 1 \cdot c_5 & + 0 \cdot c_4 & + 0 \cdot c_3 & + 1 \cdot c_2 & + 0 \cdot c_1 & + 0 \cdot c_0 & = 0 \\ 1 \cdot c_6 & + 1 \cdot c_5 & + 1 \cdot c_4 & + 0 \cdot c_3 & + 0 \cdot c_2 & + 1 \cdot c_1 & + 0 \cdot c_0 & = 0 \\ 1 \cdot c_6 & + 0 \cdot c_5 & + 1 \cdot c_4 & + 0 \cdot c_3 & + 0 \cdot c_2 & + 0 \cdot c_1 & + 1 \cdot c_0 & = 0 \end{cases} \tag{1.4.2}$$

由此可以写为如下矩阵形式：

$$\begin{bmatrix} 0 & 1 & 1 & 1 & 0 & 0 & 0 \\ 1 & 1 & 0 & 0 & 1 & 0 & 0 \\ 1 & 1 & 1 & 0 & 0 & 1 & 0 \\ 1 & 0 & 1 & 0 & 0 & 0 & 1 \end{bmatrix} \begin{bmatrix} c_6 \\ c_5 \\ c_4 \\ c_3 \\ c_2 \\ c_1 \\ c_0 \end{bmatrix} = \begin{bmatrix} 0 \\ 0 \\ 0 \\ 0 \end{bmatrix} \tag{1.4.3}$$

若令

$$H = \begin{bmatrix} 0 & 1 & 1 & 1 & 0 & 0 & 0 \\ 1 & 1 & 0 & 0 & 1 & 0 & 0 \\ 1 & 1 & 1 & 0 & 0 & 1 & 0 \\ 1 & 0 & 1 & 0 & 0 & 0 & 1 \end{bmatrix}$$

$$C = \begin{bmatrix} c_6 & c_5 & c_4 & c_3 & c_2 & c_1 & c_0 \end{bmatrix}$$

$$O = \begin{bmatrix} 0 & 0 & 0 & 0 \end{bmatrix}$$

则上述监督方程可以进一步写为:

$$H \cdot C^T = O^T \qquad C \cdot H^T = O \tag{1.4.4}$$

其中, T 表示转置运算.

对于 (n,k) 线性分组码, 若满足如下关系:

$$H \cdot C^T = O^T \qquad C \cdot H^T = O \tag{1.4.5}$$

其中, $C = (c_{n-1} \ c_{n-2} \ \cdots \ c_1 \ c_0)$ 为编码器输出的码长为 n 的编码码字, O 为 r 个 0 元素组成的行向量, 则矩阵 H 称为 (n,k) 线性分组码的监督矩阵或者校验矩阵. 由于 (n,k) 线性分组码有 $r = n-k$ 个监督码元, 每个监督码元对应一个线性方程, 且 H 矩阵的每一行代表监督方程中一个线性方程的系数, 所以监督矩阵 H 必然是一个 $r \times n$ 的矩阵.

在由 (n,k) 线性分组码的所有码字所构成的线性空间中, 存在着 k 个线性独立的码字:

$$g_1 = (g_{11} \ g_{12} \ \cdots \ g_{1n})$$

$$g_2 = (g_{21} \ g_{22} \ \cdots \ g_{2n})$$

$$\vdots$$

$$g_k = (g_{k1} \ g_{k2} \ \cdots \ g_{kn})$$

则 (n,k) 线性分组码的码字可以由这 k 个码字的线性组合表示, 即若待编码的信息码组为 $x = (x_{k-1}, x_{k-2}, \cdots, x_0)$, 编码后的码字可以表示为:

$$C = \begin{bmatrix} x_{k-1}, x_{k-2}, \cdots, x_0 \end{bmatrix} \begin{bmatrix} g_{11} & g_{12} & \cdots & g_{1n} \\ g_{21} & g_{22} & \cdots & g_{2n} \\ \vdots & \vdots & \cdots & \vdots \\ g_{k1} & g_{k2} & \cdots & g_{kn} \end{bmatrix} \tag{1.4.6}$$

若令

$$G = \begin{bmatrix} g_{11} & g_{12} & \cdots & g_{1n} \\ g_{21} & g_{22} & \cdots & g_{2n} \\ \vdots & \vdots & \cdots & \vdots \\ g_{k1} & g_{k2} & \cdots & g_{kn} \end{bmatrix}$$

即有

$$C = x \cdot G \tag{1.4.7}$$

可见, (n,k) 线性分组码的每一个码字都是由矩阵 G 的行经过线性组合得到的, 即可以由矩阵 G 生成 (n,k) 线性分组码的任何一个码字, 所以称矩阵 G 为 (n,k) 线性分组码的生成矩阵. 生成矩阵由 k 个线性无关的码字构成, 所以 G 必然是一个 $k \times n$ 的矩阵.

对于线性分组码, 监督矩阵 H 体现了监督码元与信息码元之间的监督约束关系, 只要 H 确定, 就可以由信息码元求出监督码元, 按照图 1.2 构成编码码字; 生成矩阵 G 体现了信息码元与编码码字之间的映射关系, 只要 G 已知, 就可以由信息码元直接得到编码码字.

1.5 本章小结

在本章中, 我们首先对喷泉码的研究背景进行说明, 然后从喷泉码研究的 6 个方面介绍了喷泉码的研究现状, 包括喷泉码在多种信道上的扩展应用研究、喷泉码的度分布研究、喷泉码低复杂度的高效译码方法研究、喷泉码实现不等差错保护研究、喷泉码的译码性能分析研究和带中间反馈喷泉码的应用研究.

喷泉码是一种实现 FEC 差错控制的线性分组码, 因此本章对差错控制编码的相关概念和线性分组码的编码原理进行了介绍.

第 2 章 喷泉码的编译码原理

喷泉码以一种无码率的随机编码方式产生编码符号，根据信道状况，接收端只要接收到足够多的任意编码符号就可以实现正确译码. 同时，喷泉码又是一种线性分组码，继承了线性分组码的各种特点. 借助于喷泉码的编码特点，可以实现不等差错保护编码，给重要信息符号提供更高级别的编码保护. 依据传输信道的不同，可以采用硬判决 BP 译码算法和软判决 BP 译码算法实现喷泉码的译码.

2.1 喷泉码

Byers 和 Luby 等人在 1998 年首先提出了数字喷泉的概念 [11]. 喷泉码将传统纠错编码的处理基本单元由符号扩展到了数据包. 喷泉码能够在发送端将有限个原始信息包通过编码产生无限数量的编码包，由于每个编码包之间是完全独立的，在接收端只要能够正确接收其中足够数量的任意编码包，就能通过译码以高概率成功恢复出原始信息包.

上述编译码的过程和原理如同喷泉（编码器）源源不断地产生水滴（编码包），只要用水杯（译码器）接水（正确接收的编码包），不论是哪一滴水进入水杯，只要装满水杯（达到启动译码的条件），就能够达到喝水解渴的目的（恢复原始信息包），因此形象地将这种码称为喷泉码.

2.2 喷泉码编译码的基本思想

2.2.1 随机线性码

随机线性码（RLC）[103-106] 是一种无率码，在删除信道下能够提供近乎最优的 FEC 方案.

RLC 通过在伽罗华域（GF）GF(2^m）中随机选取数值作为系数实现用户信息包的线性组合来产生编码包. 设输入的 k 个信息包为 $x = (x_1, x_2, \cdots, x_k) \in F_2^k$，则第 i 个 RLC 编码包为：

$$c_i = \sum_{j=1}^{k} \alpha_j \cdot x_j \tag{2.2.1}$$

其中，α_j 是从伽罗华域 GF(2^m) 中随机选取的数值. 这样，发送端按照上述编码的过程以无率的方式产生无穷多个 RLC 编码包，直到接收端接收到足够的编码包并能够采用高斯消元法 [50] 恢复出 k 个用户信息包为止.

对于第 i 个 RLC 编码包，若 $\alpha_j \in \{0, 1\}$，则此时 RLC 就成为喷泉码. 所以喷泉码是 RLC 的一个特例.

2.2.2　喷泉码编译码的基本思想

设输入的 k 个信息包为 $x = (x_1, x_2, \cdots, x_k) \in F_2^k$，由这 k 个信息包经过二进制喷泉码编码得到 N 个编码包 $c = (c_1, c_2, \cdots, c_N)$，该编码过程可以表示为如下的映射 [69]：

$$\mathcal{F} : x \longmapsto (c_j)_{j \in N} \tag{2.2.2}$$

其中，$c_j = \bigoplus_{i \in S_j} x_i$；$\bigoplus$ 是模 2 加（异或）运算；$S_j \subseteq \{1, 2, \cdots, k\}$，$j \in N$.

上述映射关系表明，输出的编码包序列 $(c_j)_{j \in N}$ 中的每个编码包 c_j 是由 S_j 中的序号所确定的信息包 $x_i (i \in S_j)$ 进行模 2 加运算得到的. 每个编码包 c_j 是随机产生的并且它们之间是完全独立的.

由于编码器能够由有限数量的信息包产生无限数量的编码包，所以喷泉码是一种无码率码，又称无率码 [22]. 若发送端有 k 个原始信息包，喷泉码采用无码率的随机编码方式进行编码产生编码包，经过信道传递后接收端正确接收了 N 个编码包，只要 N 稍大于 k，就可以高概率成功恢复出原始信息包. 通常定义 $\varepsilon_r = N/k - 1$ 为接收端的接收译码开销（overhead）.

基于以上喷泉码编译码的思想，2002 年 Luby 提出了第一种具有实际应用价值的喷泉码，即 LT（Luby transform）码 [22]；2006 年 Shokrollahi 提出了 LT 码的改进形式的喷泉码，即 Raptor 码 [23].

2.3　LT 码的编码原理

2.3.1　LT 码编码的原理

若 LT 码编码器的输入端有 k 个信息符号，则根据参与生成每一个 LT 码编

码符号的信息符号数目所占的比例，在 LT 码编码器输出端所输出编码符号的节
点度分布定义为：

$$\Omega(x) = \sum_{d=1}^{d_{\max}} \Omega_d x^d \tag{2.3.1}$$

其中，$d_{\max}$ 是参与生成 LT 码编码符号的最大信息符号数目，且 $d_{\max} \leqslant k$，称为
编码符号的最大度；Ω_d 是参与生成一个 LT 码编码符号的信息符号数目 d 所占
的比例，即在 LT 码编码过程中数目 d 出现的概率.

　　基于编码符号节点度分布的定义，LT 码每一个编码符号可以通过相同的编
码规则、独立且随机的编码得到，LT 码编码示意图如图 2.1 所示. LT 码编码器产
生每一个编码符号的编码过程如下：

　　（1）根据给定的编码符号节点度分布 $\Omega(x)$ 随机产生一个度 d，$1 \leqslant d \leqslant k$.

　　（2）均匀随机地从 k 个信息符号中选择 d 个符号.

　　（3）对 d 个信息符号进行异或运算，从而得到一个 LT 码编码符号.

　　重复以上三个步骤，发送端就可以源源不断地产生无限数量的编码符号. 所
以，喷泉码是一种与码率无关的随机编码. 对于信息符号长度为 k、编码符号的
节点度分布为 $\Omega(x)$ 的 LT 码，可以表示为 $\mathcal{LT}(k, \Omega(x))$.

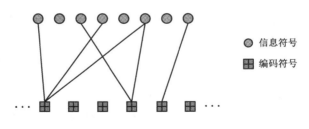

　　　　　　　　　　　　　　●　信息符号
　　　　　　　　　　　　　　▦　编码符号

图 2.1　LT 码编码示意图

　　由于 LT 码是一种采用稀疏矩阵的线性分组编码，可以采用相同的编码规则
产生每一个 LT 码的编码符号，所以上述 LT 码的编码过程可以表示为：

$$c = x \cdot G \tag{2.3.2}$$

其中，$x = (x_1, x_2, \cdots, x_k) \in F_2^k$ 为输入的 k 个信息符号；G 为 LT 码的生成矩阵.
若由 k 个信息符号编码生成 N 个编码符号，则生成矩阵 G 为 $k \times N$ 的矩阵，即
$G = (g_{i,j})_{k \times N}$. 若 $g_{i,j} = 1$，则表明信息符号 x_i 参与编码符号 c_j 的生成. G 是由给
定编码符号的节点度分布 $\Omega(x)$ 随机决定的稀疏矩阵；$c = (c_1, c_2, \cdots, c_N)$ 为输出
的 N 个编码符号.

假设输入信息符号为 $x = \{x_1, x_2, x_3, x_4, x_5, x_6\}$，经过 LT 码编码后输出的编码符号为 $c = \{c_1, c_2, c_3, c_4, c_5, c_6, c_7, c_8\}$，且生成矩阵 G 为：

$$G = \begin{bmatrix} 0 & 1 & 1 & 0 & 0 & 1 & 0 & 1 \\ 0 & 0 & 1 & 1 & 0 & 0 & 1 & 0 \\ 0 & 0 & 1 & 0 & 0 & 1 & 1 & 1 \\ 1 & 0 & 1 & 1 & 0 & 0 & 0 & 0 \\ 0 & 0 & 1 & 0 & 0 & 1 & 0 & 0 \\ 0 & 1 & 1 & 1 & 1 & 0 & 1 & 0 \end{bmatrix}$$

则 LT 码的编码原理如图 2.2 所示.

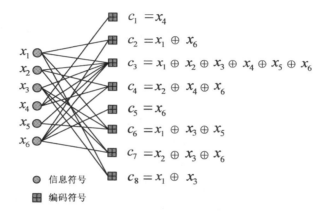

图 2.2 LT 码的编码原理图

很容易知道，在该 LT 码的编码过程中，$k = 6$，$N = 8$，发送端的编码开销为 $\varepsilon_t = N/k - 1 = 1/3$.

2.3.2 LT 码的二部图表示

由于 LT 码是一种采用稀疏矩阵的线性分组编码，与 LDPC 码的表示方法一样，LT 码的编码过程可以用二部图（Bipartite Graph）[107] 来表示，二部图又称为 Tanner 图 [108,109].

在二部图中，只有两类节点，同类节点之间没有边相连，只有在两类节点之间有边存在. 在二部图表示中，通常将信息符号称为变量节点，对应于生成矩阵 G 的行；将编码符号称为校验节点，对应于生成矩阵 G 的列. 对于生成矩阵 $G = (g_{i,j})_{k \times N}$，则二部图中包含 k 个变量节点和 N 个校验节点，且若 $g_{i,j} = 1$，对应于二部图中变量节点 x_i 与校验节点 c_j 之间有一条边相连. 所以，二部图与生成矩阵 G 是一一对应的. 与图 2.2 中 LT 码的生成矩阵 G 对应的二部图如图 2.3 所示. 在 LT 码的二部图中, 每一个校验节点都与若干个变量节点相连接, 通常将一个校验节点与变量节点之间的连接关系称为邻接关系.

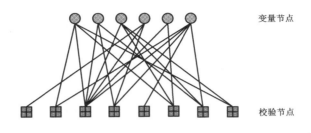

图 2.3　LT 码的二部图

采用二部图可以清晰地描述喷泉码的编码和译码过程, 以便于进行喷泉码的编译码复杂度和译码性能的分析.

2.3.3　常用度分布

在喷泉码编码过程中, 编码器依据一定的概率随机选择若干个信息符号进行异或运算从而生成一个新的喷泉码编码符号. 通常将参与生成一个喷泉码编码符号的信息符号数目称为该编码符号的度, 也称校验节点的节点度. 校验节点的节点度分布函数就是喷泉码编码符号生成过程中可能出现的度的概率分布函数. 校验节点的节点度分布函数对于喷泉码的译码性能具有决定性的作用. 好的度分布能够使得所有的信息符号在发送端都能参与编码且编码符号的平均度尽可能低, 在接收端可以用尽可能少的接收编码符号不中断地成功恢复原始信息符号. 下面给出几个经典且常用的校验节点的节点度分布函数.

2.3.3.1　理想孤波度分布

Luby 首先提出了理想孤波度分布 (ISD) [22]:

$$\rho(i) = \begin{cases} \dfrac{1}{k} & i = 1 \\ \dfrac{1}{i(i-1)} & i = 2, 3, \cdots, k \end{cases} \tag{2.3.3}$$

其中, k 为信息符号长度.

这样, 理想孤波度分布为:

$$\rho(1), \rho(2), \cdots, \rho(k)$$

$k = 5000$ 时, 理想孤波度分布如图 2.4 所示.

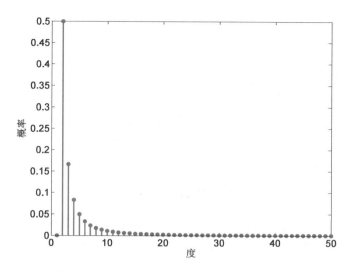

图 2.4 理想孤波度分布

该度分布的设计初衷是保证每次迭代译码都能够有一个度为 1 的校验节点，使得译码持续进行. 但是在实际应用中，译码迭代一定次数后就没有了度为 1 的校验节点，从而导致译码失败. 所以该度分布很脆弱并不适合实际使用.

2.3.3.2 鲁棒孤波度分布

针对理想孤波度分布存在的问题，Luby 对其进行了一定的改进，从而提出了鲁棒孤波度分布（RSD）[12,22]:

$$\Omega(i) = \frac{\rho(i) + \tau(i)}{\beta} \tag{2.3.4}$$

其中:

$$\tau(i) = \begin{cases} S/(k \cdot i) & i = 1, 2, \cdots, (k/S) - 1 \\ \dfrac{S}{k}\ln(S/\delta) & i = (k/S) \\ 0 & i = k/S + 1, \cdots, k \end{cases} \tag{2.3.5}$$

$$S = c\ln(k/\delta)\sqrt{k} \tag{2.3.6}$$

$$\rho(i) = \begin{cases} \dfrac{1}{k} & i = 1 \\ \dfrac{1}{i(i-1)} & i = 2, 3, \cdots, k \end{cases} \tag{2.3.7}$$

$$\beta = \sum_{i=1}^{k}(\rho(i) + \tau(i)) \tag{2.3.8}$$

k 为信息符号长度，δ 和 c 是 Luby 引入的两个可调的参数以克服理想孤波分布存在的问题，δ 是最大的译码失败概率，c 是不大于 1 的常数. δ 和 c 的引入保证了在迭代译码过程中度为 1 的编码符号数目的期望值近似为 $S = c \ln(k/\delta)\sqrt{k}$. 为此 δ 和 c 的取值对于 LT 码的性能具有很大的影响.

这样，鲁棒孤波度分布为：

$$\Omega(1), \Omega(2), \cdots, \Omega(k)$$

鲁棒孤波度分布通常可以简单地表示为 $\Omega_{\text{rs}}(k_{\text{rs}}, \delta, c)$，其中 $k_{\text{rs}} \leqslant k$ 为最大的度. 采用鲁棒孤波度分布的 LT 码是性能接近最优的、渐近的容量接近码，并且使得生成矩阵 G 是稀疏矩阵. 采用鲁棒孤波度分布时，LT 码的编译码复杂度为 $O(k \log k)$.

若 $k = 5000$，$\delta = 0.5$，$c = 0.03$ 时，则鲁棒孤波度分布表示为 $\Omega_{\text{rs}}(5000, 0.5, 0.03)$，如图 2.5 所示.

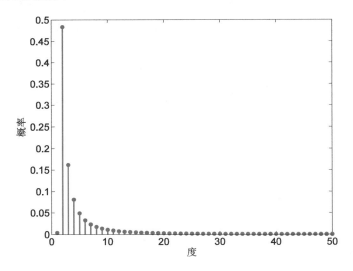

图 2.5　鲁棒孤波度分布

2.3.3.3　固定度分布

在对有限长 Raptor 码的研究中，Shokrollahi 通过研究喷泉码累计错误概率密度，提出了与输入信息符号长度 k 有关的优化度分布，称为固定度分布，如表

2.1 所示[23].

表 2.1 不同 k 值对应的优化度分布

k	65536	80000	100000	120000	k	65536	80000	100000	120000
Ω_1	0.007969	0.007544	0.006495	0.004807	Ω_{19}	0.055590	0.045231	0.038837	0.054305
Ω_2	0.493570	0.493610	0.495044	0.496472	Ω_{20}		0.010157	0.015537	
Ω_3	0.166220	0.166458	0.168010	0.166912	Ω_{65}	0.025023			0.018235
Ω_4	0.072646	0.071243	0.067900	0.073374	Ω_{66}	0.003135	0.010479	0.016298	0.009100
Ω_5	0.082558	0.084913	0.089209	0.082206	Ω_{67}		0.017365	0.010777	
Ω_8	0.056058		0.041731	0.057471	ε	0.038	0.035	0.028	0.020
Ω_9	0.037229	0.043365	0.050162	0.035951	α	5.87	5.91	5.85	5.83
Ω_{18}				0.001167					

在表 2.1 中，ε 为译码开销，α 是编码符号的平均度，这些平均度都是固定的常数. 在这些度分布中，被后来的研究者广泛使用的是 $k = 65536$ 所对应的度分布：

$$
\begin{aligned}
\Omega^R(x) = {}& 0.007969x + 0.493570x^2 \\
& + 0.166220x^3 + 0.072646x^4 + 0.082558x^5 \\
& + 0.056058x^8 + 0.037229x^9 + 0.055590x^{19} \\
& + 0.025023x^{65} + 0.003135x^{66}
\end{aligned}
\tag{2.3.9}
$$

采用固定度分布时，LT 码的编译码复杂度为 $O(k)$. $k = 5000$ 时，固定度分布如图 2.6 所示.

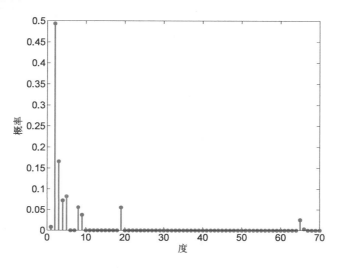

图 2.6 固定度分布

2.4　Raptor 码的编码原理

  Raptor 码是将信息符号先采用一种传统的信道编码方法进行预编码，得到中间编码符号，然后对中间编码符号进行 LT 码编码，从而得到最终传输的编码符号. 接收端只需要利用 LT 码的译码算法正确恢复出一定比例的中间编码符号，然后利用预编码的译码算法进行译码从而最终正确恢复出信息符号. Raptor 码的编码过程如图 2.7 所示.

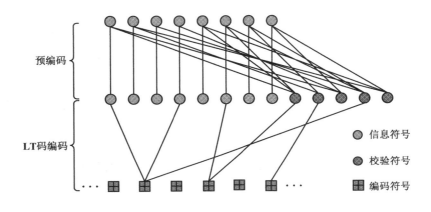

图 2.7　Raptor 码编码示意图

  在 Shokrollahi 所提出的 Raptor 码中采用了具有渐近特性的非常好码——LDPC 码 [7,8] 作为预编码. 通常称 LT 码为 Raptor 码的内码，LDPC 码为 Raptor 码的外码. 由于 LDPC 码的译码复杂度更低，所以结合了 LT 码和 LDPC 码各自特点的 Raptor 码相较于 LT 码具有更低的译码复杂度. 同时，由于 LDPC 码的译码性能可以逼近香农信道容量限 [110–113]，使得 Raptor 码能够消除 LT 码译码自身存在的错误平层，因而 Raptor 码具有更好的译码性能.

2.5　EWF 码的编码原理

2.5.1　不等差错保护的原因

  从上述 LT 码和 Raptor 码的编码原理可知，编码器依据校验节点的节点度分布均匀随机地选取信息符号参与编码产生编码符号，而不需要考虑信息符号的重要性等级. 所以，LT 码和 Raptor 码对所有信息符号进行同等级别的编码保护，即 LT 码和 Raptor 码对信息符号进行 EEP 编码传输.

而在实际应用中，待发送的信息符号可能具有不同的重要性等级，在接收端不同信息符号的恢复对原始信息的恢复具有不同的影响，如重要信息符号（MIS）对原始信息的恢复具有更大的影响甚至是原始信息正确恢复的前提. 这就决定了 MIS 在发送端进行信道编码的时候应该得到比次重要信息符号（LIS）更高级别的保护，使得 MIS 在信道中能够以更加小的错误概率进行传送，保证 MIS 在接收端能够以更高的概率正确恢复. 具有如此特性的信源要求信道编码具有对不同重要性等级的信息符号给予不等差错保护的能力.

2.5.2 EWF 码的编码原理

EWF 码是通过加窗的方式实现 UEP 特性的喷泉码. EWF 码的编码原理和规则包括如下几个步骤.

1. 信息符号重要性等级的划分

假设将信源发出的信息符号序列以每 k 个信息符号为一组，并将每组中的 k 个信息符号划分为 r 个重要性等级，即 $S_1, S_2, \cdots, S_r$，如图 2.8 所示. 这些等级中分别包含 $\alpha_1 k, \alpha_2 k, \cdots, \alpha_r k$ 个信息符号，其中，$\sum_{i=1}^{r} \alpha_i = 1$. 在这 r 个重要性等级中，信息符号的重要性随着级别序号的增大而降低，即若 $i < j$，则 i 级别的信息符号比 j 级别的信息符号重要性更高. 这样的重要性等级的划分可以用生成多项式 $\Pi(x) = \sum_{i=1}^{r} \Pi_i x^i$ 来描述，其中 $\Pi_i = \alpha_i$.

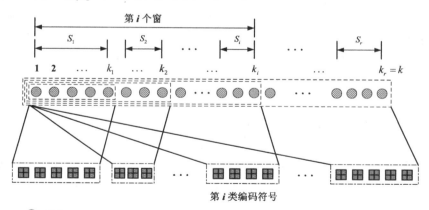

图 2.8 EWF 码的编码原理示意图

2. 加扩展窗

基于以上重要性等级的划分，可以给 k 个信息符号定义 r 个扩展窗，即 W_1，W_2，$\cdots$，W_r. 之所以称为扩展窗，就是因为伴随着窗序号的增大，每个窗都会包含前面所有窗的信息符号. 于是，第 i 个窗包含 $k_i = \sum_{j=1}^{i} \alpha_j k$ 个信息符号. 因此，$k_1 < k_2 < \cdots < k_r = k$. 这样，重要性等级最高的 k_1 个信息符号 s_1 就包含在所有的窗中，而第 r 个窗则包含 k 个信息符号.

3. 编码

在以上重要性等级划分和加扩展窗的基础上，首先从 r 个扩展窗中选择一个扩展窗，然后在所选择的扩展窗中按照该扩展窗所对应的校验节点的节点度分布随机而均匀地选择一定数目的信息符号进行标准 LT 码编码，最后生成 EWF 码. 由于 EWF 码的无码率特性，重复该过程就可以源源不断地产生任意数量的 EWF 码. 扩展窗的选择可以用生成多项式 $\Gamma(x) = \sum_{i=1}^{r} \Gamma_i x^i$ 来描述，其中 Γ_i 是第 i 个窗的选择概率且 $\sum_{i=1}^{r} \Gamma_i = 1$. 对于第 j 个窗，其对应的校验节点的节点度分布为 $\Omega^{(j)}(x) = \sum_{i=1}^{k_j} \Omega_i^{(j)} x^i$.

很容易看到，由于重要性等级最高的信息符号 S_1 包含在所有的窗中，所以能够参与每个扩展窗的编码从而可以得到所有扩展窗所产生 EWF 码的保护，而重要性等级最低的信息符号 S_r 只能参与第 r 个扩展窗的编码为此只能被第 r 个扩展窗产生的 EWF 码保护，从而实现了 UEP 特性.

通常，为了简便起见，EWF 码可以表示为 $\mathcal{F}_{\text{EW}}(\Pi, \Gamma, \Omega^{(1)}, \cdots, \Omega^{(r)})$. 一种特别简单却非常重要的情况是将 k 个信息符号划分为两个重要性等级，即 $r = 2$. 此时 EWF 码可以表示为 $\mathcal{F}_{\text{EW}}(\Pi_1 x + \Pi_2 x^2, \Gamma_1 x + \Gamma_2 x^2, \Omega^{(1)}, \Omega^{(2)})$，其中 $\Pi_1 + \Pi_2 = 1$，$\Gamma_1 + \Gamma_2 = 1$. 显然，当 $r = 1$ 时，EWF 码就是 LT 码，所以 LT 码只是 EWF 码的一种特殊情况.

2.6　喷泉码的译码原理

喷泉码广泛采用置信传播（BP）算法进行有效译码. BP 译码算法的译码过程是一个循环迭代的过程. 根据应用场合的不同，BP 译码算法分为硬判决 BP 算法和软判决 BP 算法.

2.6.1　LT 码在 BEC 下的译码算法

2.6.1.1　二进制删除信道

1955 年，艾利亚斯（Elias）首先提出了 BEC 的概念 [51]. 然而，在很长一段时间内，人们只是将这种信道作为一种编码信道的理论模型. 随着因特网的出现和发展，基于 TCP/IP 协议的因特网非常符合 BEC 模型的特性，所以 BEC 才得到了广泛的关注.

对于二进制删除信道，输入集为 {0, 1}，输出集为 {0, 1, E}，其中 E 表示删除. 图 2.9 给出了删除概率为 p 的 BEC. 每一个进入 BEC 的符号不是以概率 p 被删除，就是以概率 $1 - p$ 被正确接收. BEC 的性质决定了接收端接收到的符号一定是正确的，没有接收到的符号就是被删除了.

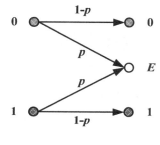

图 2.9 BEC 模型

2.6.1.2 LT 码在 BEC 下的译码算法

硬判决 BP 算法适用于经过删除信道、发送的编码符号只发生丢失而不引入误码的情况. 硬判决 BP 算法译码过程是一个循环迭代的过程. LT 码的译码过程中，在变量节点与校验节点之间传递的信息为 1 和 0. 当接收端接收到一定数量的校验节点后，LT 码译码器开始译码，具体的译码过程包括以下几个步骤[12].

（1）在接收的校验节点中找到度 $d = 1$ 的校验节点，由这些校验节点组成的集合称为输出可译集，与输出可译集中的校验节点相连的变量节点称为输入可译集. 若输出可译集为空，则本次译码失败. 继续等待接收校验节点，直到输出可译集不为空为止. 若输出可译集不为空，则任意选择其中一个校验节点并将其值赋给与其相连的变量节点，并在二部图中删除该校验节点以及与其相连的边.

（2）将该变量节点的值与其相连的所有校验节点的值分别进行异或运算，并在二部图中删除与其相连的所有边.

（3）重复（1）和（2）的过程，直到所有的变量节点都被译出为止.

假设接收端接收到的 LT 码编码符号为 {11101110}，则由图 2.3 给定的 LT 码的硬判决 BP 迭代译码过程如图 2.10 所示，经过译码后得到信息符号为 {000111}.

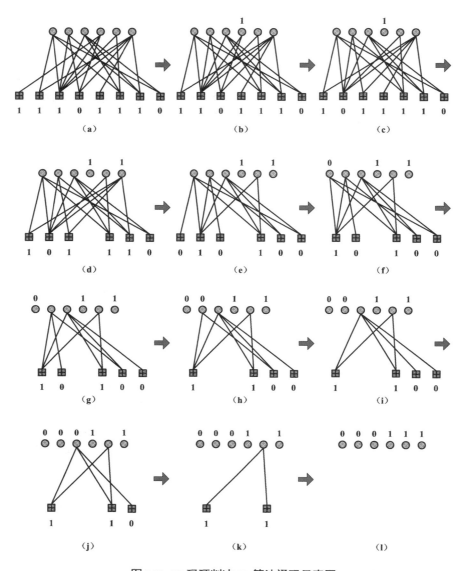

图 2.10　LT 码硬判决 BP 算法译码示意图

2.6.2 LT 码在 BIAWGN 信道下的译码算法

2.6.2.1 BIAWGN 信道

对于 BIAWGN 信道，信道的输入信息为二进制变量，由于信道中的加性高斯白噪声是服从 $N(0, \sigma_n^2)$ 的高斯随机变量，所以信道的输出为连续随机变量，如图 2.11 所示.

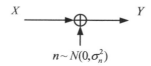

图 2.11 BIAWGN 信道

BIAWGN 信道的输出可以表示为：

$$y_i = x_i + n_i \tag{2.6.1}$$

其中，x_i 是经过调制后的调制符号；n_i 是零均值的高斯白噪声样值，即 $n_i \sim N(0, \sigma_n^2)$.

这样，在 BIAWGN 信道中，发送端发送 x_i，接收端收到 y_i 的条件概率密度函数为：

$$p(y_i|x_i) = \frac{1}{\sqrt{2\pi}\sigma_n} \mathrm{e}^{-\frac{(y_i - x_i)^2}{2\sigma_n^2}} \tag{2.6.2}$$

2.6.2.2 LT 码在 BIAWGN 信道下的译码算法

已调信号在 BIAWGN 信道中传输必然会受到加性高斯白噪声的影响，使得接收端解调器的输出会出现差错. 所以针对 BIAWGN 信道的特性，喷泉码的编码符号经过 BIAWGN 信道传输，通常在接收端采用软判决 BP 算法[57,59,60]进行迭代译码以恢复信息符号.

假设信息符号经过喷泉码编码后，在送入 BIAWGN 信道传输前要进行二进制相移键控（BPSK）调制，即对喷泉码的编码符号进行 $0 \to +1$、$1 \to -1$ 的调制映射. 这样，BIAWGN 信道的输出为：

$$y_i = x_i + n_i \tag{2.6.3}$$

在发送端发送 BPSK 调制符号 $x_i \in \{+1, -1\}$、接收端接收到 y_i 的条件下，每个编码比特的信道对数似然比（LLR）定义为：

$$
\begin{aligned}
L_i &= \log \frac{p(y_i|x_i = +1)}{p(y_i|x_i = -1)} \\
&= \log \frac{p(x_i = +1|y_i)}{p(x_i = -1|y_i)} \\
&= \log \frac{\frac{1}{\sqrt{2\pi}\sigma_n} e^{-\frac{(y_i-1)^2}{2\sigma_n^2}}}{\frac{1}{\sqrt{2\pi}\sigma_n} e^{-\frac{(y_i+1)^2}{2\sigma_n^2}}} \\
&= \frac{2}{\sigma_n^2} y_i
\end{aligned}
\tag{2.6.4}
$$

其中，$p(y_i|x_i)$ 是 BIAWGN 信道的条件概率密度函数；L_i 是均值为 $\frac{2}{\sigma_n^2}$、方差为 $\sigma_{ch}^2 = \frac{4}{\sigma_n^2}$ 的高斯随机变量，即 $L_i \sim N(\frac{\sigma_{ch}^2}{2}, \sigma_{ch}^2)$.

在接收端，利用喷泉码的二部图上各节点之间的邻接关系，通过校验节点与变量节点之间置信软信息 LLR 值的更新、交换并往复迭代来实现译码. 假设用 $L_{c_j \to v_i}^{(l)}$ 和 $L_{v_i \to c_j}^{(l)}$ 分别表示在第 l 次迭代时，从校验节点 j 到变量节点 i 和从变量节点 i 到校验节点 j 的软信息更新规则，则软判决 BP 算法的译码步骤如下.

1. 初始化

当 $l = 0$ 时，变量节点向与其邻接的每个校验节点发送软信息 0.

2. 软信息更新

若设定译码迭代的最大次数为 $l_{\max}$，当 $0 < l \leqslant l_{\max}$ 时，在每次译码迭代过程中，校验节点和变量节点按照如下规则进行软信息的更新 [25].

校验节点的软信息更新规则：

$$
L_{c_j \to v_i}^{(l)} = 2\tanh^{-1}(\tanh(\frac{L_j}{2}) \prod_{t \neq i} \tanh(\frac{L_{v_t \to c_j}^{(l-1)}}{2}))
\tag{2.6.5}
$$

变量节点的软信息更新规则：

$$
L_{v_i \to c_j}^{(l)} = \sum_{t \neq j} L_{c_t \to v_i}^{(l-1)}
\tag{2.6.6}
$$

3. 变量节点软信息的计算

在进行最大设定次数 $l_{\max}$ 次的迭代后，利用

$$
L_{v_i \to c_j} = \sum_{t} L_{c_t \to v_i}^{(l_{\max})}
\tag{2.6.7}
$$

计算每个变量节点的软信息.

4. 译码

根据每个变量节点各自的软信息进行判决并译码出每一个变量节点，即若 $L_{v_i \to c_j} > 0$，则该变量节的取值判为 0，否则判为 1。

依据每次译码迭代过程中变量节点和校验节点对置信软信息 LLR 值的更新规则可知，变量节点对 LLR 值进行和运算，校验节点对 LLR 值进行积运算，因此软判决 BP 算法又称为和积译码算法（SPA）。

2.7 本章小结

在本章中，我们对喷泉码编译码的基本思想、具体编码原理以及译码原理进行了研究。作为第一种具有实用价值的喷泉码，LT 码的编码原理是各种喷泉码编码的基础。但是 LT 码自身存在错误平层现象，导致 LT 码的译码性能受到限制。Raptor 码采用级联编码的方式消除了 LT 码的错误平层现象，极大地提高了译码性能。LT 码和 Raptor 码的编码特点决定了它们对信息符号提供等差错编码保护，不能依据信息符号的不同重要性等级提供不等差错保护。EWF 码能够依据信息符号的不同重要性等级提供不等差错保护，进一步提高了重要信息符号的保护程度。

针对 BEC 和 BIAWGN 信道的特点，分别采用硬判决 BP 译码算法和软判决 BP 译码算法对喷泉码进行译码。译码算法直接决定了译码性能和译码效率，如何进一步降低喷泉码编译码的复杂度并提高译码效率和性能是很有意义的研究课题。

第 3 章 喷泉码的理论分析方法

喷泉码是一种与码率无关的随机编码. 在喷泉码编码过程中, 编码器依据一定的概率随机选择若干个信息符号进行异或运算从而生成一个新的喷泉码编码符号. 这样, 喷泉码编码过程中每个校验节点的度及参与生成校验节点的变量节点都是随机确定的, 致使每个变量节点的度也是随机的. 因此, 需要利用节点度数的概率分布来描述和分析喷泉码编码过程中变量节点和校验节点各自度的统计规律. 同时, 在用二部图表示喷泉码的条件下, 喷泉码的译码过程可以利用二部图上变量节点与校验节点之间置信信息的交换、更新和往复迭代过程来描述. 因此, 针对硬判决 BP 译码算法和软判决 BP 译码算法, 需要根据二部图上变量节点与校验节点之间交换、更新和往复迭代置信信息的特点来分析喷泉码的译码性能.

3.1 喷泉码的度分布分析

3.1.1 度分布

在图论和网络理论中, 一个图（或网络） $G(V, E)$ 是由节点集合 V 和连接节点的边集合 E 所构成的二元组. 图（或网络）中一个节点连接其他节点的数量称为该节点的度（degree）. 度分布（degree distribution）是对一个图（或网络）中节点度数的总体描述, 是图（或网络）中节点度数的概率分布.

由 2.3.3 节可知, 喷泉码的编码过程可以用包含变量节点和校验节点的二部图来表示, 即 $G(V, E)$, 其中 $V = V_x \bigcup V_c$, $V_x = \{x_1, x_2, \cdots, x_k\}$ 表示变量节点, $V_c = \{c_1, c_2, \cdots, c_N\}$ 表示校验节点, E 为连接 V_x 与 V_c 的边的集合. 与每个校验节点相连的变量节点数目称为该校验节点的度, 与每个变量节点相连的校验节点数目称为该变量节点的度.

由于喷泉码是一种与码率无关的随机编码, 所以在喷泉码编码过程中, 每个校验节点的度及参与生成校验节点的变量节点都是随机的, 致使每个变量节点的度也是随机的. 因此, 校验节点的度和变量节点的度都是一个离散随机变量. 例如, 对于生成矩阵为 $G = (g_{i,j})_{k \times N}$ 的喷泉码, 校验节点度的取值范围为 $1 \leqslant d \leqslant k$, 变量节点度的取值范围为 $0 \leqslant d \leqslant N$. 这样, 校验节点的度分布和变量节点的度分布都可以用概率分布来描述. 例如, 对于生成矩阵为 $G = (g_{i,j})_{k \times N}$ 的喷泉码, 若 p_i 是度为 i 的校验节点在校验节点中所占的比例, 并且满足 $0 \leqslant p_i \leqslant 1$ 和 $\sum_{i=1}^{k} p_i = 1$. 这样, 该喷泉码的校验节点度的概率分布如表 3.1 所示。

表 3.1 校验节点度的概率分布

校验节点度 d	1	2	3	$\cdots$	k
概率 p_i	p_1	p_2	p_3	$\cdots$	p_k

此时, 校验节点度的概率分布可以用多项式表示为:

$$
\begin{aligned}
F(x) &= \sum_{i=1}^{k} \mathbf{P}(d = i) x^i \\
&= \sum_{i=1}^{k} p_i x^i
\end{aligned}
\tag{3.1.1}
$$

显然, 对于校验节点的度 d, 其具有如下性质.

（1）$F(1) = 1$.

（2）校验节点度的平均值: $\mathbf{E}(d) = F'(1) = \sum_{i=1}^{k} i \cdot p_i$, 其中 $F'(1)$ 表示 $F(x)$ 对 x 求导并取 $x = 1$.

类似地, 对于变量节点的度, 其概率分布也可用多项式来描述和定义.

3.1.2 LT 码的度分布

LT 码的二部图由变量节点、校验节点以及连接变量节点与校验节点的边构成. 变量节点和校验节点都有各自的度及其度分布, 并且可以利用概率分布定义和表示校验节点与变量节点各自的节点度分布和边度分布. 下面给出 LT 码的相关度分布及其定义 [30,82,114–121].

3.1.2.1　校验节点的度分布

一个校验节点所邻接变量节点数目的概率分布称为校验节点的节点度分布，定义为：

$$\Omega(x) = \sum_{i=1}^{d_c} \Omega_i x^i \qquad (3.1.2)$$

其中，d_c 为最大的校验节点度；Ω_i 是度为 i 的校验节点在校验节点中所占的比例，并且满足 $0 \leqslant \Omega_i \leqslant 1$ 和 $\sum_{i=1}^{d_c} \Omega_i = 1$.

这样，校验节点的平均度为：

$$\rho_{avg} = \Omega^{'}(1) = \sum_{i=1}^{d_c} i\Omega_i \qquad (3.1.3)$$

一条边连接到某一个度的校验节点的概率分布称为校验节点的边度分布，定义为：

$$\omega(x) = \sum_{i=1}^{d_c} \omega_i x^{i-1} \qquad (3.1.4)$$

其中，ω_i 为一条边连接到度为 i 的校验节点的概率，$\omega_i = \frac{i\Omega_i}{\sum_j j\Omega_j} = \frac{i\Omega_i}{\Omega^{'}(1)}$，并且满足 $0 \leqslant \omega_i \leqslant 1$ 和 $\sum_{i=1}^{d_c} \omega_i = 1$.

由此可以得到校验节点的节点度分布与边度分布之间的关系为：

$$\omega(x) = \frac{\Omega^{'}(x)}{\Omega^{'}(1)} \qquad (3.1.5)$$

其中，$\Omega^{'}(x)$ 是 $\Omega(x)$ 对 x 的导数.

在 LT 码编码过程中，校验节点的节点度分布通常是提前给定的，并且已经有很多经典和常用的度分布. 在 2.3.2 节里面所给出的常用度分布都是校验节点的节点度分布. 由于在喷泉码编码过程中，编码器依据预先采用的校验节点的节点度分布随机选择变量节点参与编码从而产生相应的校验节点，所以喷泉码编码过程的随机性都是由校验节点的节点度分布决定的. 也就是说，校验节点的节点度分布决定了喷泉码的编译码复杂度和译码性能. 鉴于此，研究人员一直致力于寻找好的度分布. 这样，一方面，使得发送端的变量节点都能参与编码过程且校验节点的平均度尽可能低；另一方面，接收端在接收校验节点尽可能少的条件下就能不中断地实现成功译码.

3.1.2.2 变量节点的度分布

一个变量节点所邻接校验节点数目的概率分布称为变量节点的节点度分布,定义为:

$$\Lambda(x) = \sum_{i=1}^{d_v} \Lambda_i x^i \tag{3.1.6}$$

其中, d_v 为最大的变量节点度; Λ_i 是度为 i 的变量节点在变量节点中所占的比例,并且满足 $0 \leqslant \Lambda_i \leqslant 1$ 和 $\sum_{i=1}^{d_v} \Lambda_i = 1$.

这样,变量节点的平均度为:

$$\mu_{avg} = \Lambda'(1) = \sum_{i=1}^{d_v} i\Lambda_i \tag{3.1.7}$$

很显然,对于生成矩阵为 $G = (g_{i,j})_{k \times N}$ 的喷泉码,变量节点的平均度与校验节点的平均度之间的关系为:

$$\mu_{avg} = \rho_{avg} \frac{N}{k} = (1 + \varepsilon)\rho_{avg} \tag{3.1.8}$$

其中, k 和 N 分别为二部图中变量节点和校验节点的数目; ε 为编码开销.

一条边连接到某一个度的变量节点的概率分布称为变量节点的边度分布,定义为:

$$\lambda(x) = \sum_{i=1}^{d_v} \lambda_i x^{i-1} \tag{3.1.9}$$

其中, λ_i 为一条边连接到度为 i 的变量节点的概率, $\lambda_i = \frac{i\Lambda_i}{\sum_j j\Lambda_j} = \frac{i\Lambda_i}{\Lambda'(1)}$,并且满足 $0 \leqslant \lambda_i \leqslant 1$ 和 $\sum_{i=1}^{d_v} \lambda_i = 1$.

由此可以得到,变量节点的节点度分布与边度分布之间的关系为:

$$\lambda(x) = \frac{\Lambda'(x)}{\Lambda'(1)} \tag{3.1.10}$$

其中, $\Lambda'(x)$ 是 $\Lambda(x)$ 对 x 的导数.

在校验节点的节点度分布给定的条件下,在 LT 码编码过程中,每一次编码器随机而均匀地从 k 个变量节点中选取 d 个变量节点进行异或运算,从而得到一个校验节点.因此,变量节点的节点度分布和边度分布都服从于二项分布[25].当 $k \to \infty$ 时,二项分布可以很好地用泊松分布来近似[23].因此有:

$$\Lambda(x) = \sum_{i=1}^{d_v} \Lambda_i x^i \approx e^{\mu_{avg}(x-1)} \tag{3.1.11}$$

其中，$\Lambda_i \approx \frac{e^{-\mu_{avg}} \mu_{avg}^i}{i!}$；泊松分布的参数 $\mu_{avg} = \rho_{avg} \frac{N}{k}$ 为变量节点的平均度.

由于 $\lambda(x) = \frac{\Lambda'(x)}{\Lambda'(1)}$，所以得到：

$$\lambda(x) = \sum_{i=1}^{d_v} \lambda_i x^{i-1} \approx e^{\mu_{avg}(x-1)} \tag{3.1.12}$$

3.1.3　EWF 码的度分布

为分析方便起见，只考虑具有两种重要性等级信息符号的 EWF 码，即信息符号被分为 MIS 和 LIS. 假设 k 个信息符号中的前面 $\Pi_1 k$ 个为 MIS，后面 $\Pi_2 k$ 个为 LIS，其中 $\Pi_1 + \Pi_2 = 1$. 为了便于表述，将参与编码的信息符号称为变量节点，而将 EWF 码的编码符号称为校验节点，可以利用概率分布定义和表示校验节点与变量节点各自的节点度分布和边度分布.

3.1.3.1　校验节点的度分布

通常，第 j 个窗中的变量节点产生的 LT 码由校验节点的节点度分布来决定. 第 j 个窗的节点度分布为：

$$\Omega^{(j)}(x) = \sum_i \Omega_i^{(j)} x^i \tag{3.1.13}$$

其中，$\Omega_i^{(j)}$ 是由第 j 个（$j = 1, 2$）窗产生的度为 i 的校验节点所占的比例. 相对应的校验节点平均度为：

$$\rho_{avg}^{(j)} = \Omega^{(j)'}(1) = \sum_i i \Omega_i^{(j)} \tag{3.1.14}$$

校验节点的边度分布为：

$$\omega^{(j)}(x) = \sum_i \omega_i^{(j)} x^{i-1} \tag{3.1.15}$$

其中，$\omega_i^{(j)}$ 是一条边连接到第 j 个窗产生的度为 i 的校验节点的概率.

由上述推导可知，校验节点的节点度分布与边度分布之间的关系为：

$$\omega^{(j)}(x) = \frac{\Omega^{(j)'}(x)}{\Omega^{(j)'}(1)} \tag{3.1.16}$$

其中，$\Omega^{(j)'}(x)$ 是 $\Omega^{(j)}(x)$ 关于 x 的导数.

3.1.3.2 变量节点的度分布

由校验节点决定的变量节点的节点度分布为：

$$\Lambda^{(j)}(x) = \sum_i \Lambda_i^{(j)} x^i \tag{3.1.17}$$

其中，$\Lambda_i^{(j)}$ 是第 j 个（$j=1,2$）窗中度为 i 的变量节点所占的比例. 相对应的变量节点平均度为：

$$\mu_{avg}^{(j)} = \Lambda^{(j)'}(1) = \sum_i i\Lambda_i^{(j)} \tag{3.1.18}$$

显然，我们得到：

$$\mu_{avg}^{(1)} = \frac{(1+\varepsilon)\Gamma_1\rho_{avg}^{(1)}}{\Pi_1} \qquad \mu_{avg}^{(2)} = (1+\varepsilon)\Gamma_2\rho_{avg}^{(2)} \tag{3.1.19}$$

变量节点的边度分布为：

$$\lambda^{(j)}(x) = \sum_i \lambda_i^{(j)} x^{i-1} \tag{3.1.20}$$

其中，$\lambda_i^{(j)}$ 是一条边连接到第 j 个窗中的度为 i 的变量节点的概率.

由上述推导可知，变量节点的节点度分布与边度分布之间的关系为：

$$\lambda^{(j)}(x) = \frac{\Lambda^{(j)'}(x)}{\Lambda^{(j)'}(1)} \tag{3.1.21}$$

其中，$\Lambda^{(j)'}(x)$ 是 $\Lambda^{(j)}(x)$ 关于 x 的导数.

由于在编码过程中的随机性，变量节点被随机均匀地选择参与校验节点的产生，由此导致了变量节点的节点度分布和边度分布都服从二项分布[25]. 当 $k \to \infty$ 时，二项分布可以很好地用泊松分布来近似[23]. 因此可以得到在第 1 个窗和第 2 个窗中变量节点的节点度分布和边度分布为：

$$\Lambda^{(1)}(x) = \lambda^{(1)}(x) = e^{\mu_{avg}^{(1)}(x-1)} \tag{3.1.22}$$

$$\Lambda^{(2)}(x) = \lambda^{(2)}(x) = e^{\mu_{avg}^{(2)}(x-1)} \tag{3.1.23}$$

基于以上的推导，MIS 和 LIS 的节点度分布和边度分布为[91]：

$$\Lambda^M(x) = \lambda^M(x) = e^{\mu_{avg}^{MIB}(x-1)} \tag{3.1.24}$$

$$\Lambda^L(x) = \lambda^L(x) = e^{\mu_{avg}^{LIB}(x-1)} \tag{3.1.25}$$

其中，μ_{avg}^{MIS} 和 μ_{avg}^{LIS} 分别是 MIS 和 LIS 的平均度.

从而有

$$\mu_{avg}^{MIS} = \mu_{avg}^{(1)} + \mu_{avg}^{(2)} \tag{3.1.26}$$

$$\mu_{avg}^{LIS} = \mu_{avg}^{(2)} \tag{3.1.27}$$

3.2 喷泉码的译码性能分析

3.2.1 BEC 下喷泉码的译码性能分析

在 2.6.1 节中已经研究了 BEC 下硬判决 BP 算法实现喷泉码译码的原理. 为了从理论上研究和分析硬判决 BP 算法的译码性能，下面首先从二部图的角度分析硬判决 BP 算法的译码过程，然后对与或树分析方法的基本原理进行介绍，最后给出采用与或树对 BEC 下喷泉码的译码性能进行理论分析的原理.

3.2.1.1 硬判决 BP 算法译码过程的分析

在用二部图表示喷泉码的条件下，在硬判决 BP 算法译码的每一次迭代中，消息（0 或 1）沿着边从校验节点发送到变量节点，然后又从变量节点发送到校验节点. 当且仅当变量节点的值没有被恢复，则变量节点向与其邻接的校验节点发送消息 0；当且仅当校验节点不能去恢复变量节点的值，则校验节点向与其邻接的变量节点发送消息 0. 要使得一个变量节点能够向一个校验节点发送消息 1，则当且仅当该变量节点从其他邻接校验节点收到至少一个 1；要使得一个校验节点能够向一个变量节点发送消息 0，则当且仅当该校验节点从其他邻接变量节点收到至少一个 0.

由此可知，在硬判决 BP 算法译码过程中，变量节点执行或（OR）运算，校验节点执行与（AND）运算. 所以 Luby 等人将随机编码的变量节点和校验节点分别看成 OR 节点和 AND 节点，从而将在编码时形成的二部图看成一棵深度为 $2l$ 的与或树. 这样可以利用与或树分析方法来对硬判决 BP 算法的译码过程进行分析，从而得到经过喷泉码编码的信息符号在第 l 次迭代译码后的理论误码率.

3.2.1.2 与或树分析方法的基本原理

包含 OR 节点和 AND 节点的与或树如图 3.1 所示. 下面首先定义一些关于与或树的基本概念.

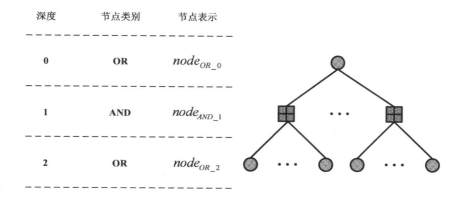

深度	节点类别	节点表示
0	OR	$node_{OR\_0}$
1	AND	$node_{AND\_1}$
2	OR	$node_{OR\_2}$

图 3.1 与或树示意图

定义 3.1 节点的深度：与或树的根节点深度为 0，根节点的孩子节点深度为 1，深度为 1 的节点其孩子节点的深度为 2，以此类推.

定义 3.2 节点的分类：深度为偶数 $(0, 2, \cdots, 2l-2)$ 的节点为或节点（OR 节点），深度为奇数 $(1, 3, \cdots, 2l-1)$ 的节点为与节点（AND 节点）. 深度为 0 的节点为树的根节点，深度为 $2l$ 的节点为树的叶子节点.

定义 3.3 节点的取值：没有孩子节点的 OR 节点被赋值 0，没有孩子节点的 AND 节点被赋值 1，深度为 $2l$ 的每个节点赋值 0 或 1.

按照与或树中 OR 节点和 AND 节点所包含类别的不同，与或树分析法具有以下三种情况.

（1）具有 1 类 OR 节点，1 类 AND 节点的与或树.

由深度为 0 的 OR 节点作为根的树，记为 T_l，树的深度为 $2l$. 由深度为 2 的 OR 节点作为根的树，记为 T_{l-1}，树的深度为 $2l-2$. 当孩子节点作为根节点时形成的树称为 T_l 的子树.

OR 节点以概率 δ_i $(\sum_i \delta_i = 1)$ 随机选取其 i 个孩子节点进行 OR 运算. AND 节点以概率 β_i $(\sum_i \beta_i = 1)$ 随机选取其 i 个孩子节点进行 AND 运算. 该选取过程可以用多项式表示为：

$$\delta(x) = \sum_i \delta_i x^i \qquad \beta(x) = \sum_i \beta_i x^i \tag{3.2.1}$$

假设用 y_l 表示节点 $node_{OR\_0}$ 估计为 0 的概率，用 x_{l-1} 表示节点 $node_{AND\_1}$ 估计为 1 的概率，用 y_{l-1} 表示节点 $node_{OR\_2}$ 估计为 0 的概率.

由于节点 $node_{AND\_1}$ 的值是通过其孩子节点进行 AND 运算得到的，因此当且仅当参与 AND 运算的所有孩子节点的值都为 1 的时候，节点 $node_{AND\_1}$ 的值为 1. 节点 $node_{AND\_1}$ 以概率 β_i 选取 i 个孩子节点参与 AND 运算，每个孩子节点的值为 1 的概率为 $1 - y_{l-1}$，节点 $node_{AND\_1}$ 选取的 i 个孩子节点的值都为 1 的概率为 $(1 - y_{l-1})^i$．这样，节点 $node_{AND\_1}$ 选取 i 个节点并且所有节点取值都为 1 的概率为 $x_{l-1,i} = \beta_i(1 - y_{l-1})^i$．因此，节点 $node_{AND\_1}$ 估计为 1 的概率为：

$$
\begin{aligned}
x_{l-1} &= \sum_i x_{l-1,i} \\
&= \sum_i \beta_i(1 - y_{l-1})^i \\
&= \beta(1 - y_{l-1})
\end{aligned}
\tag{3.2.2}
$$

由于节点 $node_{OR\_0}$ 的值是通过对其孩子节点进行 OR 运算得到的，因此当且仅当参与 OR 运算的所有孩子节点的值都为 0 的时候，节点 $node_{OR\_0}$ 的值为 0．节点 $node_{OR\_0}$ 以概率 δ_i 选取 i 个孩子节点参与 OR 运算，每个孩子节点的值为 0 的概率为 $1 - x_{l-1}$，节点 $node_{OR\_0}$ 选取的 i 个孩子节点的值都为 0 的概率为 $(1 - x_{l-1})^i$．这样，节点 $node_{OR\_0}$ 选取 i 个节点并且所有节点取值都为 0 的概率为 $y_{l,i} = \delta_i(1 - x_{l-1})^i$．因此，节点 $node_{OR\_0}$ 估计为 0 的概率为：

$$
\begin{aligned}
y_l &= \sum_i y_{l,i} \\
&= \sum_i \delta_i(1 - x_{l-1})^i \\
&= \delta(1 - x_{l-1})
\end{aligned}
\tag{3.2.3}
$$

这样，将 $x_{l-1} = \beta(1 - y_{l-1})$ 带入上式，从而有 [21,68,83]：

$$
y_l = \delta\big(1 - \beta(1 - y_{l-1})\big)
\tag{3.2.4}
$$

（2）具有 r 类 OR 节点，1 类 AND 节点的与或树．

假设与或树中包含 r 类 OR 节点，每一类 OR 节点的数量足够大．由深度为 0 的第 j 类 OR 节点作为根的树，记为 $GT_{l,j}$，树的深度为 $2l$．由深度为 2 的第 k 类 OR 节点作为根的树，记为 $GT_{l-1,k}$，树的深度为 $2l - 2$．

第 j 类 OR 节点以概率 $\delta_{i,j}$ $(j = 1, 2, \cdots, r)$ 随机选取其 i 个孩子节点进行 OR 运算．AND 节点以概率 β_i $(\sum_i \beta_i = 1)$ 随机选取其 i 个孩子节点进行 AND 运算．第 k 类 OR 节点以概率 q_k 成为 AND 节点的一个孩子节点．该选取过程可以用多项式表示为：

$$
\delta_j(x) = \sum_i \delta_{i,j} x^i \qquad \beta(x) = \sum_i \beta_i x^i
\tag{3.2.5}
$$

则采用与第一种情况相同的推导方法，可以得到与或树 $GT_{l,j}$ 的根节点估计为 0 的概率为 [21,68,83]：

$$
y_{l,j} = \delta_j\Big(1 - \beta(1 - \sum_{k=1}^r q_k y_{l-1,k})\Big)
\tag{3.2.6}
$$

（3）具有 r 类 OR 节点，r 类 AND 节点的与或树.

假设与或树中包含 r 类 OR 节点和 r 类 AND 节点，每一类 OR 节点和 AND 节点的数量足够大. 由深度为 0 的第 j 类 OR 节点作为根的树，记为 $GT_{l,j}$，树的深度为 $2l$. 由深度为 2 的第 k 类 OR 节点作为根的树，记为 $GT_{l-1,k}$，树的深度为 $2l-2$.

第 m 类 OR 节点以概率 $\delta_{i,m}$ $(m = 1, 2, \cdots, r)$ 随机选取其 i 个孩子节点进行 OR 运算. 第 m 类 AND 节点以概率 $\beta_{i,m}$ $(m = 1, 2, \cdots, r)$ 随机选取其 i 个孩子节点进行 AND 运算. 第 m 类 AND 节点只有 $\{1, 2, \cdots, m\}$ 类 OR 节点作为其孩子节点，对应的概率为 $\{q_1^{(m)}, q_2^{(m)}, \cdots, q_m^{(m)}\}$. 第 m 类 OR 节点只有 $\{m, m+1, \cdots, r\}$ 类 AND 节点作为其孩子节点，对应的概率为 $\{p_m^{(m)}, p_{m+1}^{(m)}, \cdots, p_r^{(m)}\}$. 该选取过程可以用多项式表示为：

$$\delta_j(x) = \sum_i \delta_{i,j} x^i \qquad \beta_j(x) = \sum_i \beta_{i,j} x^i \tag{3.2.7}$$

则采用与第一种和第二种情况相同的推导方法，可以得到与或树 $GT_{l,j}$ 的根节点估计为 0 的概率为 [69, 70]：

$$y_{l,j} = \delta_j\Big(1 - \sum_{i=j}^{r} p_i^{(j)} \beta_i \big(1 - \sum_{k=1}^{i} q_k^{(i)} y_{l-1,k}\big)\Big) \tag{3.2.8}$$

3.2.1.3 LT 码的与或树分析

由于在 LT 码编码过程中校验节点随机而均匀地选择变量节点进行异或运算，于是所有的变量节点被视为同一个类别，而由此生成的校验节点也只有一个类别. 所以，可以利用第一种情况的与或树对 LT 码的译码性能进行分析.

根据与或树分析可知，与或树 T_l 根节点估计为 0 的概率为 $y_l = \delta\big(1 - \beta(1 - y_{l-1})\big)$，对应于 LT 码就是信息符号在接收端进行 l 次硬判决 BP 算法迭代译码后未被译出的概率. 而与或树中的概率分布 $\delta(x)$ 和 $\beta(x)$ 正好分别对应于 LT 码中的变量节点的边度分布 $\lambda(x)$ 和校验节点的边度分布 $\omega(x)$.

由于 $\lambda(x) = e^{\mu_{avg}(x-1)}$，所以对于 LT 码 $\mathcal{LT}(k, \Omega(x))$，当 $k \to \infty$ 时，经过 l 次硬判决 BP 算法迭代译码后一个信息符号未被恢复（即被删除）的概率为 [83]：

$$y_0 = 1$$
$$y_l = \exp\big(-\mu_{avg}\omega(1 - y_{l-1})\big) \tag{3.2.9}$$

若接收端接收到 N 个编码符号，则译码开销为 $\varepsilon = N/k - 1$，由于 $\omega(x) = \frac{\Omega'(x)}{\Omega'(1)}$，$\rho_{avg} = \Omega'(1)$，$k\mu_{avg} = \rho_{avg}k(1 + \varepsilon)$，则上式可以重新写为：

$$y_0 = 1$$
$$y_l = \exp\big(-(1+\varepsilon)\Omega'(1 - y_{l-1})\big) \tag{3.2.10}$$

3.2.1.4 EWF 码的与或树分析

由于在 EWF 码编码过程中变量节点被分成 r 个不同重要性等级,由此产生的校验节点也有 r 个不同的类别,所以就可以利用第三种情况的与或树对 EWF 码的译码性能进行分析.

根据与或树分析可知,与或树 $GT_{l,j}$ 根节点估计为 0 的概率为 $y_{l,j} = \delta_j\big(1 - \sum_{i=j}^{r} p_i^{(j)}\beta_i(1 - \sum_{k=1}^{i} q_k^{(i)}y_{l-1,k})\big)$,对应于 EWF 码就是在接收端进行 l 次硬判决 BP 算法迭代译码后第 j 类信息符号未被译出的概率. 而与或树中的概率分布 $\delta_j(x)$ 和 $\beta_j(x)$ 正好分别对应于 EWF 码中第 j 类变量节点的边度分布 $\lambda^{(j)}(x)$ 和第 j 类校验节点的边度分布 $\omega^{(j)}(x)$.

对于 EWF 码 $\mathcal{F}_{EW}(\Pi, \Gamma, \Omega^{(1)}, \cdots, \Omega^{(r)})$,若接收端接收到 N 个编码符号,则译码开销为 $\varepsilon = N/k - 1$. 当 $k \to \infty$ 时,经过 l 次硬判决 BP 算法迭代译码后一个第 j 类信息符号未被恢复(即被删除)的概率为[70]:

$$y_{0,j} = 1$$
$$y_{l,j} = \exp\Big(-(1+\varepsilon)\sum_{i=j}^{r}\frac{\Gamma_i}{\sum_{t=1}^{i}\Pi_t}\Omega^{(i)'}\big(1 - \frac{\sum_{m=1}^{i}\Pi_m y_{l-1,m}}{\sum_{t=1}^{i}\Pi_t}\big)\Big) \tag{3.2.11}$$

如果信息符号被分成两个重要性等级,即 $r = 2$,则对于 EWF 码 $\mathcal{F}_{EW}(\Pi_1 x + \Pi_2 x^2, \Gamma_1 x + \Gamma_2 x^2, \Omega^{(1)}, \Omega^{(2)})$,在 l 次硬判决 BP 算法迭代译码后 MIS 和 LIS 的删除概率分别为[70]:

$$y_{0,MIB} = 1$$
$$y_{l,MIB} = e^{-(1+\varepsilon)\left(\frac{\Gamma_1}{\Pi_1}\Omega^{(1)'}(1-y_{l-1,MIB}) + \Gamma_2\Omega^{(2)'}(1-\Pi_1 y_{l-1,MIB}-\Pi_2 y_{l-1,LIB})\right)}$$
$$y_{0,LIB} = 1 \tag{3.2.12}$$
$$y_{l,LIB} = e^{-(1+\varepsilon)\Gamma_2\Omega^{(2)'}(1-\Pi_1 y_{l-1,MIB}-\Pi_2 y_{l-1,LIB})}$$

3.2.2 BIAWGN 信道下喷泉码的译码性能分析

信息符号在喷泉码编码后经过 BIAWGN 信道传输到达接收端,接收端利用校验节点与变量节点之间交换置信软信息 LLR 值并往复迭代来实现译码,即采用软判决 BP 算法进行迭代译码. 在 2.6.2 节中已经研究了 BIAWGN 信道下软判决 BP 算法实现喷泉码译码的原理. 下面首先介绍软判决 BP 算法译码性能分析的常用方法,包括密度进化理论、高斯近似理论和 EXIT 图方法,然后对 EXIT 图分析方法的基本原理进行研究,最后给出采用 EXIT 图分析方法对 BIAWGN 信道下喷泉码的译码性能进行理论分析的原理.

3.2.2.1 软判决 BP 算法译码性能的分析方法

针对变量节点与校验节点之间传递的 LLR 消息, 为了判断迭代译码器的收敛性能, 可以跟踪变量节点与校验节点之间置信软信息 LLR 值在交换、更新和反复迭代过程中其密度函数、均值、方差、互信息等参数的变化情况 [84–86, 122–125]. 在通常的研究中, 通过跟踪 LLR 消息的概率密度、LLR 消息的均值和 LLR 消息的互信息这 3 种参数的变化情况来分析软判决 BP 算法迭代译码的理论误码率, 而且很多学者通过研究已经提出了相应的算法来分析软判决 BP 算法的迭代译码性能.

密度进化理论 [126, 127] 跟踪 LLR 消息在变量节点与校验节点之间传递过程中概率密度的变化. 这是分析软判决 BP 算法性能的最精确算法. 高斯近似理论 [122] 跟踪 LLR 消息在变量节点与校验节点之间传递过程中均值的变化. 高斯近似的前提假设为全高斯假设, 即假设信道接收的 LLR 消息服从于高斯分布, 变量节点发送给校验节点的 LLR 消息服从于对称高斯条件 [122], 校验节点发送给变量节点的 LLR 消息近似服从于高斯分布. 外部信息转移图 [84–90] 跟踪 LLR 消息在变量节点与校验节点之间传递过程中互信息的变化. 在 EXIT 图分析中, 将变量消息与校验消息的更新过程看成一个整体考虑, 并且迭代过程的前提假设为半高斯假设 [89, 128, 129], 即假设变量节点的输出消息服从于对称高斯分布. 需要说明的是, 高斯近似和 EXIT 图分析方法都是对密度进化理论的一种近似和简化, 但是相较于密度进化理论, 通过跟踪互信息参数来判断译码器收敛性能的 EXIT 图分析方法更加简单, 有更好的鲁棒性且运算量大大减少.

在本书中, 我们仅利用 EXIT 图分析方法来对喷泉码在 BIAWGN 信道下的译码性能进行分析.

3.2.2.2 EXIT 图分析方法的基本原理

为了反映 LLR 值在变量节点与校验节点之间的迭代传输, 将喷泉码的二部图中所有变量节点的集合称为变量节点译码器 (VND), 将所有校验节点的集合称为校验节点译码器 (CND), 将连接变量节点与校验节点的边的集合称为交织器和解交织器. 这样喷泉码的软判决 BP 算法的迭代译码器可以分为两个分量译码器, 即 VND 和 CND. 迭代译码就是通过 VND 与 CND 之间的消息传递来实现的, 并通过 CND 和 VND 的输入先验信息与输出外信息之间的传输关系来反映整个迭代的渐近性和收敛行为.

喷泉码的软判决 BP 算法的迭代译码器如图 3.2 所示. 由于 EXIT 图分析方法跟踪 LLR 消息在变量节点与校验节点之间传递过程中互信息的变化, 并从互信息的角度来反映迭代译码器输入信息与输出信息之间的关系, 所以在图 3.2 中,

$I_{A,C}$ 为 CND 的输入互信息，$I_{E,C}$ 为 CND 的输出互信息，$I_{A,V}$ 为 VND 的输入互信息，$I_{E,V}$ 为 VND 的输出互信息.

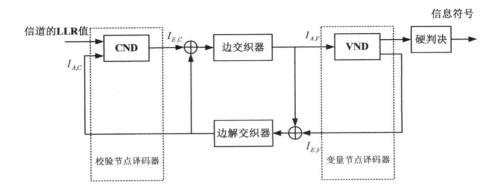

图 3.2　喷泉码译码过程中互信息的传递

　　由于 EXIT 图分析方法是对密度进化理论的简化和近似，所以 EXIT 图分析方法也必须满足密度进化理论的两个假设条件.

　　（1）独立性假设.

　　在译码迭代过程中，节点向某一条边发送的消息与之前从该边接收到的消息无关，即节点对从与其相邻接的边接收消息后进行消息处理，发送给某一条边的消息不包含从该条边接收到的消息. 这样，节点之间传递的都是外部消息.

　　（2）一致性对称条件.

　　变量节点向校验节点发送 LLR 消息的概率密度函数服从于对称高斯分布.

　　下面，首先给出一致性对称条件的定义 [122,127].

　　定义 3.4　假设 $f(x)$ 为 LLR 消息的概率密度函数，如果 $f(x)$ 满足

$$f(x) = f(-x)\mathrm{e}^x \tag{3.2.13}$$

则称 $f(x)$ 满足一致性对称条件.

　　对于均值为 m、方差为 σ^2 的高斯分布，一致性对称条件简化为 $\sigma^2 = 2m$. 可以证明，喷泉码在 BIAWGN 信道下是服从于对称高斯分布条件的 [130]，即每个喷泉码编码比特的信道对数似然值 L_i 是均值为 $\frac{2}{\sigma_n^2}$、方差为 $\sigma_{ch}^2 = \frac{4}{\sigma_n^2}$ 的对称高斯随机变量，即 $L_i \sim N(\frac{\sigma_{ch}^2}{2}, \sigma_{ch}^2)$. 并且这种对称性在后续软判决 BP 算法迭代译码中随着校验节点与变量节点之间的信息迭代而继续保留 [127]. 在满足一致性对称条件的情况下，线性译码器的错误概率独立于所传输的码字，因此可以假设传送的是全 0 码或者全 1 码. 通常，运用 EXIT 图方法对 BIAWGN 信道下喷泉码的译码性能进行理论分析时，假设发送的是全 0 码字.

对于概率密度函数服从对称高斯条件且均值为 $\sigma^2/2$、方差为 σ^2 的 LLR 消息，其互信息为 [86,89]：

$$I = J(\sigma) = 1 - \frac{1}{\sqrt{2\pi}\sigma} \int_{-\infty}^{+\infty} e^{-\frac{(\xi - \sigma^2/2)^2}{2\sigma^2}} \cdot \log_2(1 + e^{-\xi})d\xi \qquad (3.2.14)$$

由于 $I = J(\sigma)$ 是单调增函数，因此具有唯一的逆函数，表示为 $\sigma = J^{-1}(I)$. 虽然不能精确地给出 $J(\sigma)$ 和 $J^{-1}(I)$ 解析表达式，但在文献 [89,131] 中给出了 $J(\sigma)$ 和 $J^{-1}(I)$ 的近似数值计算表达式，即

$$J(\sigma) \approx \begin{cases} a_{J,1}\sigma^3 + b_{J,1}\sigma^2 + c_{J,1}\sigma & 0 \leqslant \sigma \leqslant \sigma^* \\ 1 - e^{a_{J,2}\sigma^3 + b_{J,2}\sigma^2 + c_{J,2}\sigma + d_{J,2}} & \sigma^* < \sigma < 10 \\ 1 & \sigma \geqslant 10 \end{cases} \qquad (3.2.15)$$

其中，$a_{J,1} = -0.04210610$，$b_{J,1} = 0.20925200$，$c_{J,1} = -0.00640081$，$a_{J,2} = 0.00181491$，$b_{J,2} = -0.14267500$，$c_{J,2} = -0.08220540$，$d_{J,2} = 0.05496080$，$\sigma^* = 1.63630000$.

$$J^{-1}(I) \approx \begin{cases} a_{\sigma,1}I^2 + b_{\sigma,1}I + c_{\sigma,1}\sqrt{I} & 0 \leqslant I \leqslant I^* \\ -a_{\sigma,2}ln[b_{\sigma,2}(1 - I)] - c_{\sigma,2}I & I^* < I < 1 \end{cases} \qquad (3.2.16)$$

其中，$a_{\sigma,1} = 1.09542000$，$b_{\sigma,1} = 0.21421700$，$c_{\sigma,1} = 2.33727000$，$a_{\sigma,2} = 0.70669200$，$b_{\sigma,2} = 0.38601300$，$c_{\sigma,2} = -1.75017000$，$I^* = 0.36460000$.

依据式 (3.2.15) 和式 (3.2.16)，可以得到 $J(\sigma)$ 和 $J^{-1}(I)$ 近似数值计算表达式的函数图象，如图 3.3 所示.

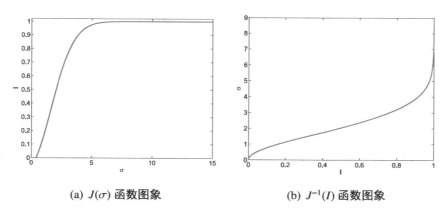

(a) $J(\sigma)$ 函数图象   (b) $J^{-1}(I)$ 函数图象

图 3.3 $J(\sigma)$ 和 $J^{-1}(I)$ 的函数图象

EXIT 图分析方法就是分析 CND 和 VND 各自输入端互信息与输出端互信息之间的转移特性，其工作原理如图 3.4 所示. 在得到校验节点互信息 $I_{E,C}$ 和变量节点的互信息 $I_{E,V}$ 后，就可以在理论上计算采用软判决 BP 算法对喷泉码进行迭代译码的误比特率（BER）.

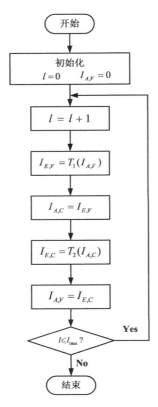

图 3.4 EXIT 图分析方法的基本原理

下面给出采用 EXIT 图分析方法对 LT 码和 EWF 码的 BER 进行理论计算的方法.

3.2.2.3 LT 码的 EXIT 图分析

由于在 LT 码编码过程中,校验节点均匀随机地选择变量节点参与编码,即将所有变量节点视为同一重要类别,所产生的校验节点也同样只有一个重要类别.因此,在利用 EXIT 图分析方法对 LT 码进行译码性能的分析中,将软判决 BP 算法的迭代译码器划分为 1 类 VND 和 1 类 CND. 这样,LT 码的变量节点和校验节点的 EXIT 函数分别计算如下[30].

校验节点的 EXIT 函数为:

$$I_{E,C} = \sum_{j=1}^{d_c} \omega_j \left(1 - J\left(\sqrt{(j-1)\sigma_C^2 + \sigma_{ch_n}^2} \right) \right) \tag{3.2.17}$$

其中, $\sigma_C^2 = [J^{-1}(1 - I_{A,C})]^2$ 是 CND 接收的来自 VND 的 LLR 消息的方差;

$\sigma_{ch_n}^2 = [J^{-1}(1 - J(\sqrt{\sigma_{ch}^2}))]^2 = [J^{-1}(1 - J(\sqrt{4/\sigma_n^2}))]^2$ 是来自信道的编码符号的 LLR 消息的方差.

变量节点的 EXIT 函数为:

$$I_{E,V} = \sum_{i=1}^{d_v} \lambda_i J\left(\sqrt{(i-1)\sigma_V^2}\right) \tag{3.2.18}$$

其中, $\sigma_V^2 = [J^{-1}(I_{A,V})]^2$ 是 VND 接收的来自 CND 的 LLR 消息的方差.

这样, 经过最大次数（$l_{\max}$ 次）的 EXIT 迭代后, 校验节点得到互信息为 $I_{E,C}$, 从而校验节点输出的 LLR 消息的方差为 $\sigma_V^2 = [J^{-1}(I_{E,C})]^2$. 根据独立性假设, 对于度为 i 的变量节点, 其输出的 LLR 消息的方差为 $\sigma_i^2 = i\sigma_V^2$. 变量节点输出的 LLR 消息的概率密度函数服从于对称高斯分布条件, 所以该变量节点输出的 LLR 消息的均值为 $m_i = \sigma_i^2/2$. 得到该变量节点输出 LLR 消息的概率密度函数为:

$$p(x) = \frac{1}{\sqrt{2\pi}\sigma_i} e^{-\frac{(x-m_i)^2}{2\sigma_i^2}} \tag{3.2.19}$$

假设发送的是全 0 码字, 且进行 BPSK 调制, 因此该变量节点的 BER 为:

$$
\begin{aligned}
P_i &= \int_{-\infty}^{0} p(x)\mathrm{d}x \\
&= \int_{-\infty}^{0} \frac{1}{\sqrt{2\pi}\sigma_i} e^{-\frac{(x-m_i)^2}{2\sigma_i^2}} \mathrm{d}x \\
&= Q\left(\frac{m_i}{\sigma_i}\right) \\
&= Q\left(\frac{\sigma_i}{2}\right) \\
&= Q\left(\frac{\sqrt{i\sigma_V^2}}{2}\right)
\end{aligned}
\tag{3.2.20}
$$

所以, LT 码的 BER 可以计算为:

$$
\begin{aligned}
P_b &= \sum_i \Lambda_i P_i \\
&= \sum_i \Lambda_i Q\left(\frac{\sqrt{i\sigma_V^2}}{2}\right)
\end{aligned}
\tag{3.2.21}
$$

3.2.2.4　EWF 码的 EXIT 图分析

对于 EWF 码，如果信息符号包含 r 个重要性等级，则由信息符号编码得到的 EWF 码的编码符号也因此具有 r 个重要性等级. 这里我们考虑一种简单却特别重要的 EWF 码，即 $r = 2$，信息符号只有两种重要性等级：MIB 和 LIB，如图 3.5 所示.

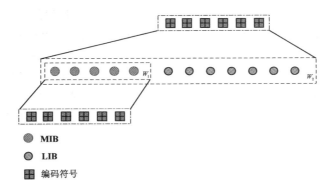

- 🔘 **MIB**
- ⚪ **LIB**
- ▦ 编码符号

图 3.5　具有两种重要性等级的 EWF 码

因此，在利用 EXIT 图分析方法对 EWF 码进行渐近性能分析中，将软判决 BP 算法的迭代译码器划分为 3 类 VND 和 2 类 CND. 这样，EWF 码的 EXIT 函数为 [91]：

W_1 窗所对应的 CND 的 EXIT 函数为：

$$I_{E,C}^{(1)} = \sum_i \omega_i^{(1)} \left(1 - J\left(\sqrt{(i-1)\sigma_{C1}^2 + \sigma_{ch_n}^2} \right) \right) \tag{3.2.22}$$

其中，$\sigma_{C1}^2 = [J^{-1}(1 - I_{E,V}^{(1)})]^2$ 是 W_1 窗所对应的 CND 接收到的来自 W_1 窗中 MIB 发送的 LLR 消息的方差；$\sigma_{ch_n}^2 = [J^{-1}(1 - J(\sqrt{\sigma_{ch}^2}))]^2 = [J^{-1}(1 - J(\sqrt{4/\sigma_n^2}))]^2$.

W_1 窗中 MIB 所对应的 VND 的 EXIT 函数为：

$$I_{E,V}^{(1)} = \sum_i \sum_j \lambda_i^{(1)} \Lambda_j^{(2)} J\left(\sqrt{(i-1)\sigma_{V1}^2 + j\sigma_{V2}^2} \right) \tag{3.2.23}$$

其中，$\sigma_{V1}^2 = [J^{-1}(I_{E,C}^{(1)})]^2$ 和 $\sigma_{V2}^2 = [J^{-1}(I_{E,C}^{(2)})]^2$ 为 W_1 窗和 W_2 窗分别所对应的 CND 互信息的方差.

W_2 窗所对应的 CND 的 EXIT 函数为：

$$I_{E,C}^{(2)} = \sum_i \omega_i^{(2)}\left(1 - J\left(\sqrt{(i-1)\sigma_{C2}^2 + \sigma_{ch_n}^2}\right)\right) \tag{3.2.24}$$

其中，$\sigma_{C2}^2 = [J^{-1}(1 - (\alpha I_{E,V}^{(2)} + (1-\alpha)I_{E,V}^{(3)}))]^2$ 是 W_2 窗中 MIB 和 LIB 所分别对应的 VND 互信息的方差.

W_2 窗中 MIB 所对应的 VND 的 EXIT 函数为：

$$I_{E,V}^{(2)} = \sum_i \sum_j \Lambda_i^{(1)} \lambda_j^{(2)} J\left(\sqrt{i\sigma_{V1}^2 + (j-1)\sigma_{V2}^2}\right) \tag{3.2.25}$$

W_2 窗中 LIB 所对应的 VND 的 EXIT 函数为：

$$I_{E,V}^{(3)} = \sum_i \lambda_i^{(2)} J\left(\sqrt{(i-1)\sigma_{V2}^2}\right) \tag{3.2.26}$$

与 LT 码的 BER 分析原理完全相同，在经过 $l_{\max}$ 次迭代后，MIB 和 LIB 的 BER 可以计算为：

$$P_b^{MIB} = \sum_i \sum_j \Lambda_i^{(1)} \Lambda_j^{(2)} Q\left(\frac{\sqrt{i\sigma_{V1}^2 + j\sigma_{V2}^2}}{2}\right) \tag{3.2.27}$$

$$P_b^{LIB} = \sum_i \Lambda_i^{(2)} Q\left(\frac{\sqrt{i\sigma_{V2}^2}}{2}\right) \tag{3.2.28}$$

3.3 喷泉码译码性能分析的仿真

3.3.1 LT 码的与或树分析方法的仿真

取 $k = 5000$，则得到 LT 码 $\mathcal{LT}(5000, \Omega(x))$. 在校验节点的节点度分布分别选择鲁棒孤波度分布 $\Omega_{rs}(5000, 0.5, 0.03)$ 和固定度分布 $\Omega^R(x)$ 的条件下，设置迭代次数为 200，随着译码开销 ε_r 的变化，LT 码译码的渐近删除概率，即误码率（SER）可以利用式 (3.2.10) 计算得到，如图 3.6 所示.

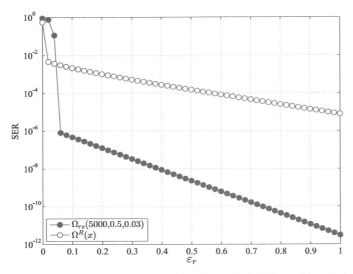

图 3.6　不同 $\Omega(x)$ 条件下 $\mathcal{LT}(5000, \Omega(x))$ 的译码误码率随着译码开销 ε_r 的变化情况

3.3.2　EWF 码的与或树分析方法的仿真

在不同译码开销 ε_r 和不同窗选择概率 Γ_1 条件下，窗 1 和窗 2 分别采用不同校验节点的节点度分布，EWF 码的 SER 可以用式 (3.2.12) 计算得到.

1. EWF 码的渐近 SER 随着 ε_r 变化情况

$k = 5000$，$k_1 = 600$，则有 $\Pi_1 = 0.12$，$\Pi_2 = 0.88$，设置 $\Gamma_1 = 0.084$，则得到 EWF 码 $\mathcal{F}_{EW}(0.12x + 0.88x^2, 0.084x + 0.916x^2, \Omega^{(1)}, \Omega^{(2)})$. 在窗 1 和窗 2 中校验节点的节点度分布 $\Omega^{(1)}(x)$ 和 $\Omega^{(2)}(x)$ 采用不同度分布的条件下，设置迭代次数为 200，随着译码开销 ε_r 的变化，EWF 码译码的渐近 SER 如图 3.7 所示.

2. EWF 码的渐近 SER 随着 Γ_1 变化情况

$k = 5000$，$k_1 = 600$，则有 $\Pi_1 = 0.12$，$\Pi_2 = 0.88$，则得到 EWF 码 $\mathcal{F}_{EW}(0.12x + 0.88x^2, \Gamma_1 x + \Gamma_2 x^2, \Omega^{(1)}, \Omega^{(2)})$. 在窗 1 和窗 2 中校验节点的节点度分布 $\Omega^{(1)}(x)$ 和 $\Omega^{(2)}(x)$ 采用不同度分布的条件下，设置译码开销为 $\varepsilon_r = 0.05$，迭代次数为 200，随着窗选择概率 Γ_1 的变化，EWF 码译码的渐近 SER 如图 3.8 所示.

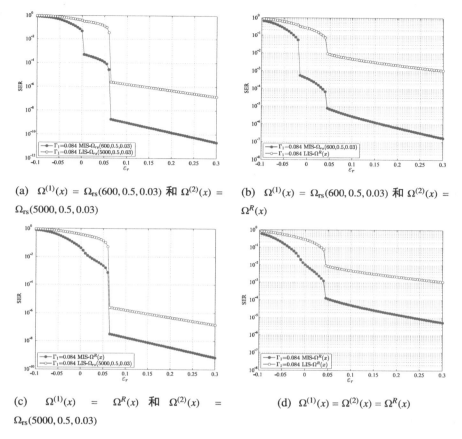

(a) $\Omega^{(1)}(x) = \Omega_{\mathrm{rs}}(600, 0.5, 0.03)$ 和 $\Omega^{(2)}(x) = \Omega_{\mathrm{rs}}(5000, 0.5, 0.03)$

(b) $\Omega^{(1)}(x) = \Omega_{\mathrm{rs}}(600, 0.5, 0.03)$ 和 $\Omega^{(2)}(x) = \Omega^R(x)$

(c) $\Omega^{(1)}(x) = \Omega^R(x)$ 和 $\Omega^{(2)}(x) = \Omega_{\mathrm{rs}}(5000, 0.5, 0.03)$

(d) $\Omega^{(1)}(x) = \Omega^{(2)}(x) = \Omega^R(x)$

图 3.7 不同 ε_r 条件下 EWF 码 $\mathcal{F}_{\mathrm{EW}}(0.12x + 0.88x^2, 0.084x + 0.916x^2, \Omega^{(1)}, \Omega^{(2)})$ 中 MIS 和 LIS的渐近 SER 性能

3.3.3 LT 码的 EXIT 图分析方法的仿真

1. LT 码的渐近 BER 随着译码开销 ε 变化情况

取 $k = 5000$，则得到 LT 码 $\mathcal{LT}(5000, \Omega(x))$. 在校验节点的节点度分布采用固定度分布 $\Omega^R(x)$ 的条件下，设置信噪比为 $E_b/N_0 = 5dB$，迭代次数为 200，随着译码开销 ε_r 的变化，LT 码译码的渐近 BER 可以利用式 (3.2.21) 计算得到，如图 3.9 所示.

2. LT 码的渐近 BER 随着信噪比 E_b/N_0 变化情况

取 $k = 5000$，则得到 LT 码 $\mathcal{LT}(5000, \Omega(x))$. 在校验节点的节点度分布分别选择鲁棒孤波度分布 $\Omega_{\mathrm{rs}}(5000, 0.5, 0.03)$ 和固定度分布 $\Omega^R(x)$ 的条件下，设置译码开销为 $\varepsilon_r = 0.5$，迭代次数为 200，随着信噪比的变化，LT 码译码的渐近 BER 可以利用式 (3.2.21) 计算得到，如图 3.10 所示.

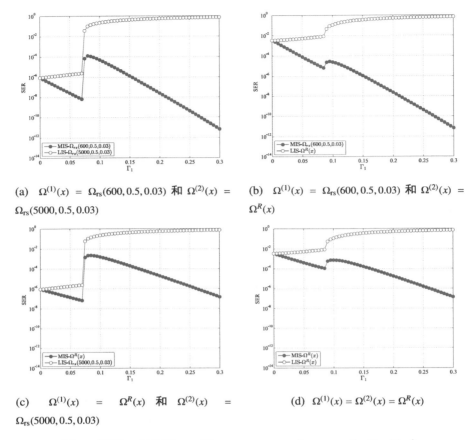

(a) $\Omega^{(1)}(x) = \Omega_{\mathrm{rs}}(600, 0.5, 0.03)$ 和 $\Omega^{(2)}(x) = \Omega_{\mathrm{rs}}(5000, 0.5, 0.03)$

(b) $\Omega^{(1)}(x) = \Omega_{\mathrm{rs}}(600, 0.5, 0.03)$ 和 $\Omega^{(2)}(x) = \Omega^R(x)$

(c) $\Omega^{(1)}(x) = \Omega^R(x)$ 和 $\Omega^{(2)}(x) = \Omega_{\mathrm{rs}}(5000, 0.5, 0.03)$

(d) $\Omega^{(1)}(x) = \Omega^{(2)}(x) = \Omega^R(x)$

图 3.8 不同 Γ_1 条件下 EWF 码 $\mathcal{F}_{\mathrm{EW}}(0.12x + 0.88x^2, \Gamma_1 x + \Gamma_2 x^2, \Omega^{(1)}, \Omega^{(2)})$ 中 MIS 和 LIS的渐近 SER 性能

3.3.4 EWF 码的 EXIT 图分析方法的仿真

1. EWF 码的渐近 BER 随着译码开销 ε_r 变化情况

$k = 5000$，$k_1 = 600$，则有 $\Pi_1 = 0.12$，$\Pi_2 = 0.88$，设置 $\Gamma_1 = 0.2$，则得到 EWF 码 $\mathcal{F}_{\mathrm{EW}}(0.12x + 0.88x^2, 0.2x + 0.8x^2, \Omega^{(1)}, \Omega^{(2)})$. 在窗 1 和窗 2 中校验节点的节点度分布 $\Omega^{(1)}(x)$ 和 $\Omega^{(2)}(x)$ 采用不同度分布的条件下，设置信噪比为 $E_b/N_0 = 5\ \mathrm{dB}$，迭代次数为 200，随着译码开销 ε_r 的变化，EWF 码译码的渐近 BER 如图 3.11 所示.

2. EWF 码的渐近 BER 随着信噪比 E_b/N_0 变化情况

$k = 5000$，$k_1 = 600$，则有 $\Pi_1 = 0.12$，$\Pi_2 = 0.88$，设置 $\Gamma_1 = 0.2$，则得到 EWF 码 $\mathcal{F}_{\mathrm{EW}}(0.12x + 0.88x^2, 0.2x + 0.8x^2, \Omega^{(1)}, \Omega^{(2)})$. 在窗 1 和窗 2 中校验节点的节点度分布 $\Omega^{(1)}(x)$ 和 $\Omega^{(2)}(x)$ 采用不同度分布的条件下，设置译码开销 $\varepsilon_r = 0.5$，

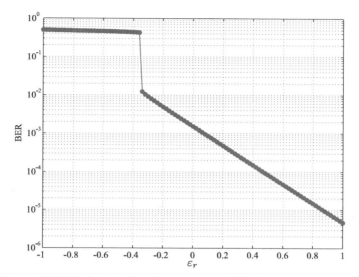

图 3.9　采用固定度分布 $\Omega^R(x)$ 且 $E_b/N_0 = 5$ dB 的条件下 $\mathcal{LT}(5000, \Omega(x))$ 的译码误码率随着译码开销 ε_r 变化情况

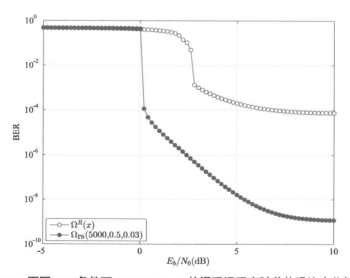

图 3.10　不同 $\Omega(x)$ 条件下 $\mathcal{LT}(5000, \Omega(x))$ 的译码误码率随着信噪比变化情况

迭代次数为 200，随着信噪比 E_b/N_0 的变化，EWF 码译码的渐近 BER 如图 3.12 所示.

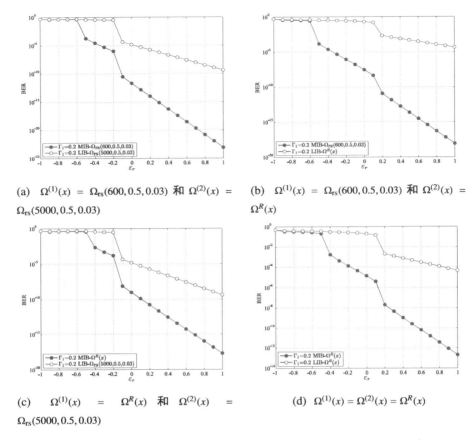

(a)　$\Omega^{(1)}(x) = \Omega_{rs}(600, 0.5, 0.03)$ 和 $\Omega^{(2)}(x) = \Omega_{rs}(5000, 0.5, 0.03)$

(b)　$\Omega^{(1)}(x) = \Omega_{rs}(600, 0.5, 0.03)$ 和 $\Omega^{(2)}(x) = \Omega^{R}(x)$

(c)　$\Omega^{(1)}(x) = \Omega^{R}(x)$ 和 $\Omega^{(2)}(x) = \Omega_{rs}(5000, 0.5, 0.03)$

(d)　$\Omega^{(1)}(x) = \Omega^{(2)}(x) = \Omega^{R}(x)$

图 3.11 不同 ε_r 条件下 EWF 码 $\mathcal{F}_{EW}(0.12x + 0.88x^2, 0.2x + 0.8x^2, \Omega^{(1)}, \Omega^{(2)})$ 中 MIB 和 LIB 的渐近 BER 性能

3.4　本章小结

　　本章中，首先，研究了喷泉码的理论分析方法，包括喷泉码的度分布分析和译码性能分析方法. 其中，在介绍度分布概念及表示方法的基础上，分别对 LT 码和 EWF 码的节点度分布和边度分布的分析方法进行了研究和说明. 由于校验节点的节点度分布对喷泉码的编译码复杂度和译码性能具有决定性的影响，好的度分布不仅可以使得发送端的变量节点都能参与编码过程且检验节点的平均度尽可能低，而且接收端在接收校验节点尽可能少的条件下就能不中断地实现成功译码. 所以对校验节点的节点度分布的研究是一个非常有意义的课题. 然后，研究了 LT 码和 EWF 码在 BEC 和 BIAWGN 信道下的译码性能分析方法，其中在 BEC 信道下采用与或树分析方法进行译码性能分析，在 BIAWGN 信道下采用 EXIT

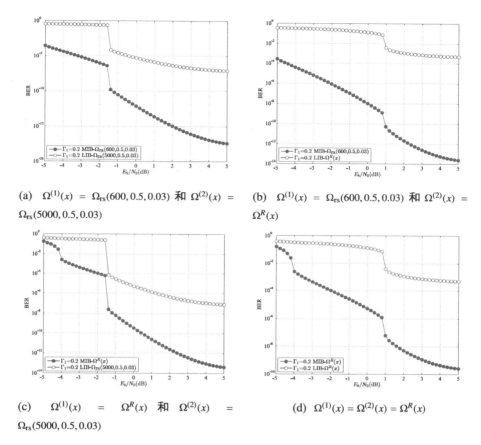

(a) $\Omega^{(1)}(x) = \Omega_{rs}(600, 0.5, 0.03)$ 和 $\Omega^{(2)}(x) = \Omega_{rs}(5000, 0.5, 0.03)$

(b) $\Omega^{(1)}(x) = \Omega_{rs}(600, 0.5, 0.03)$ 和 $\Omega^{(2)}(x) = \Omega^R(x)$

(c) $\Omega^{(1)}(x) = \Omega^R(x)$ 和 $\Omega^{(2)}(x) = \Omega_{rs}(5000, 0.5, 0.03)$

(d) $\Omega^{(1)}(x) = \Omega^{(2)}(x) = \Omega^R(x)$

图 3.12 不同 E_b/N_0 条件下 EWF 码 $\mathcal{F}_{EW}(0.12x + 0.88x^2, 0.2x + 0.8x^2, \Omega^{(1)}, \Omega^{(2)})$ 中 MIB 和 LIB 的渐近 BER 性能

图分析方法进行译码性能分析. 最后, 利用 **MATLAB** 软件编程对喷泉码译码性能的理论分析进行了仿真实现.

第 4 章　喷泉码在 DVB-H 网络中的应用

手持数字视频广播 (DVB-H) 是 DVB 组织为通过地面数字广播网络向便携/手持终端提供多媒体业务所制定的传输标准. DVB-H 拥有的低功率模式不仅非常适用于电池供电的设备，而且在用于移动设备时还能显著改进无线电广播的性能. DVB-H 是欧洲和北美的主要移动电视标准，已在欧洲实现商用部署. 鉴于喷泉码的无率特性以及在实现 EEP 和 UEP 编码传输方面的灵活性和低复杂性，喷泉码已经被作为 DVB-H 标准的 FEC 方案. 因此，对 DVB-H 网络中基于喷泉码编码的多媒体传输方案的研究具有很强的理论研究价值和实际应用价值.

4.1　问题提出的背景

4.1.1　可扩展视频

可扩展视频编码（SVC）是视频编码的一种，2007 年由 ITU-T 确定 H.264 SVC [132] 为正式标准，并成为 H.264 AVC 视频编解码标准的扩展 [133]. H.264 SVC 对视频序列进行分层编码，从而将视频序列编码成分层的形式，输出包括基本层（BL）和增强层（EL）的多层码流. 其中 BL 的数据可以使解码器解码出基本视频内容，但是由 BL 解码输出视频图像的帧率和分辨率低，所以接收到的视频图像的质量不高. EL 在 BL 的基础上，可以重构高质量、高分辨率的视频图像. 这样，SVC 视频编码能将视频流分割为多个分辨率、质量等级和帧速率层，多个用户可以同时对同一视频用不同的分辨率进行解码，可解码出多种分辨率、质量、帧速率的图像，从而支持多种设备和网络条件同时访问同一个 SVC 视频流. 因此，H.264 SVC 的分层编码提供了灵活的码流适应性和对不同终端产品的良好匹配性，以适应不同性能的传输网络和不同解码能力的接收设备 [134]. 在网络信道传输质量差或者接收设备的处理能力有限时，只对 BL 的码流进行传输和解码，从而获得基本的、可以观看的视频图像. 当网络信道传输质量好或者接收设备处理能力强时，可以在接收 BL 数据的基础上传输和解码 EL 数据，以提高视频图像的帧率和分辨率，从而获得更高质量的视频图像，并且接收的 EL 越多，视频图像的质量就越好. 可见，在 H.264 SVC 压缩视频序列中，基本层的重要性等级最高，随着增强层序号的不断增大重要性等级随之下降.

H.264 SVC 的可扩展性包括时间可扩展性、空间可扩展性和质量可扩展性等. 时间可扩展性是指将视频流分解成表示不同帧率的信息；空间可扩展性是指将视频流分解成表示不同分辨率的、具有不同图像尺寸的信息，从而给不同显示屏幕的终端设备提供适配的画面；质量可扩展性是指在相同的空间分辨率和帧率的情况下，提供不同的显示质量. 质量可伸缩性编码可以认为是一种特殊形式空间可扩展性编码，它的 BL 和 EL 具有同样的大小，但是在视觉质量上存在差异.

例如，在文献 [71] 和 [76] 中采用的 H.264 SVC 压缩视频序列 CIF Stefan，其时间分辨率（帧率）为 30 fps，空间分辨率为 352 PPI × 288 PPI，该视频序列被分成图像组（GOP），每个 GOP 由 16 帧组成. 每个 GOP（即信息分组）包含 $k = 3800$ 个符号，每个符号由 50 个字节构成. 每个信息分组被划分为 1 个 BL 和 14 个 EL. BL 只提供最基本的视频质量、帧率和分辨率，而 EL 在基本层的基础上对视频质量进行完善并提供高分辨率的视频质量，而且在 BL 的基础上接收到的 EL 越多视频的质量越好，分辨率越高，即用户接收到的 SVC 层数越多，得到的视频质量越高. 在表 4.1 中给出了 CIF Stefan 视频序列的相关参数 [71,76].

表 4.1 H.264 SVC CIF Stefan 视频序列相关参数

被正确接收的层	符号数目	Y-PSNR(dB)
BL only	400	25.79
BL + 1 EL	700	27.25
BL + 2 ELs	875	28.14
BL + 3 ELs	1155	29.00
BL + 4 ELs	1550	29.51
BL + All ELs	3800	40.28

H.265 [19,20] 又称高效率视频编码（HEVC），是由 ITU-T 视频编码专家组和 ISO/IEC 运动图像专家组共同组成的视频编码联合协作小组（JCT-VC）提出的最新的视频编码标准. 该标准于 2013 年 1 月定稿，在 2013 年 4 月被 ITU-T 接受成为正式标准. 该标准的目标是相较于现有视频编码标准，如 H.262、H.263

和 H.264,获得更高的编码效率,尤其是对于高分辨率的视频. SHVC(SVC for HEVC)[135,136] 是 H.265 的可分级扩展功能,是 JCT-VC 积极开发的项目. SHVC 的可扩展性与 H.264 SVC 类似.

4.1.2　无线信道中可扩展视频的跨层传输

伴随着无线网络中多媒体业务需求的不断增长,在有损分组网络中实现视频的有效传输成为必然的要求. 作为 H.264 AVC 视频压缩标准的扩展,H.264 SVC 可扩展视频压缩标准能够提供时间、空间和质量上的可扩展性,使得接收端恢复视频的质量能够随着正确解码数据的增长而不断得到改善和提高. 为此,利用可扩展视频编解码技术能够实现图像和视频在有损分组网络中的鲁棒传输.

然而,由于 SVC 视频流在时间和空间上存在彼此间的相关性,因此在 SVC 视频流传输中数据包的丢失将会导致恢复视频在不同程度上的质量下降. 换句话说,由于在 SVC 视频流中数据的重要性等级会随着层序号的增大而降低,因此一个高重要性等级数据层的丢失会影响后续数据层的解码,从而导致在空间和时间上的错误传播效应 [137]. 所以在有损分组网络中实现 SVC 视频流的可靠传输仍然是一个挑战. 在这样的背景下,可扩展视频通常采用前向纠错编码技术来降低 SVC 视频流在有损分组网络中的传输差错进而避免网络重传.

通常,通过对各个网络层的可用资源分别进行优化从而消除传输差错,如在许多多媒体通信系统中,采用应用层(AL)FEC 方案(AL-FEC)来消除信道传输差错. 然而,为了充分利用宝贵的无线资源并取得满意的 QoS(Quality of Service)保证,应该将无线通信系统中各个网络层的可用资源进行统一优化利用. 这样,跨层方法被用来实现无线通信系统中可用资源的优化利用,从而进一步提高和改善系统的 QoS 保证. 因此,针对可扩展视频在无线信道中的传输,可以采用跨层设计和跨层优化方法来改善传输的质量和性能.

近年来,实现可扩展视频鲁棒无线传输的跨层传输方案已经得到了广泛的研究 [140-145]. 文献 [140] 提出了一种在 802.11 WLAN 中自适应跨层保护传输机制,其中采用 RS(Reed-Solomon)码作为 AL-FEC 方案实现可扩展视频的鲁棒和有效传输. 由于相较于 RS 码,喷泉码在复杂性和灵活性等方面具有较大优越性,因此喷泉码已经被采用作为一种 AL-FEC 方案,而且喷泉码可以适应特性未知的和变化的信道,所以喷泉码非常适合在 AL 上进行包级别的编码. 这样,文献 [141,142] 中研究了无线信道中基于喷泉码的 H.264 视频跨层传输方案. 文献 [141] 提出了四种跨层 FEC 编码方案,即在 AL 上采用 EEP/UEP LT 码进行 FEC 编码,在物理层(PL)上采用 RCPC(Rate-compatible Punctured Convolutional)码进行 FEC 编码. 在给定信道带宽和信噪比(SNR)条件下,采用这四种跨层 FEC

编码传输方案能够不同程度地改善传输视频的峰值信噪比（PSNR）. 文献 [142] 提出了四种跨层 FEC 编码传输方案，其中在 AL 上采用系统 Raptor 码进行 FEC 编码，在 PL 上采用 RCPC 码进行 FEC 编码. 利用这四种跨层 FEC 编码传输方案来最小化传输视频的失真并最大化视频的 PSNR.

4.1.3 DVB-H 标准

DVB-H 标准只定义了数据链路层和物理层. 由于 DVB-H 标准是基于现有的 DVB-T（DVB-Terrestrial）标准提出的，所以 DVB-H 标准继承了 DVB-T 标准的物理层标准，都采用 MPEG-2 数据包流. 相较于 DVB-T 标准，DVB-H 标准在数据链路层上的改进主要体现在如下方面.

（1）时间分片技术.

基于时间分片技术可以实现时分复用，而且可以降低便携/手持终端的功耗，并向便携/手持终端提供移动过程中小区间的平滑无缝频率切换. 由于时间分片技术可以极大地延长便携/手持终端的待机时间和使用时间，所以时间分片是 DVB-H 标准的强制使用技术.

（2）多协议封装–前向纠错技术.

DVB-H 标准在数据链路层采用 RS 码对 IP 数据包进行 FEC 编码，称为多协议封装–前向纠错（MPE-FEC）技术. 通过采用 RS 纠错编码，可以提高 MPE 的前向纠错能力，从而改善系统在无线移动环境下的载干比并提高抵抗多普勒频移和脉冲干扰的能力. MPE-FEC 是 DVB-H 标准的可选使用技术.

4.1.4 基于喷泉码编码的可扩展视频在 DVB-H 网络中的跨层优化传输

喷泉码 [12]（如 LT 码 [22] 和 Raptor 码 [23]）能够为信息在有损分组网络中的传输提供有效和灵活的 FEC 实现方案. 由 4.1.1 节的介绍我们已经知道，在可扩展视频中数据层分别具有不同的重要性等级，并且越重要的数据层需要更多的保护，然而 LT 码和 Raptor 码都是等差错保护码，对不同重要性等级的数据层只能提供等差错保护，导致采用传统的喷泉码对可扩展视频进行 FEC 编码传输的性能很差. 这就表明可扩展视频需要具有不等差错保护和不等恢复时间（URT）特性的纠错码进行编码保护才能实现在有损分组网络中的可靠传输. 相较于 EEP，具有 UEP 性能的 FEC 方案能够在很大程度上改善信息传输的质量 [138] 并能够实现整体传输性能的提高 [139]. 因此，具有 UEP 特性的 FEC 方案已经广泛地用于可扩展图像和可扩展视频 [139] 的编码保护传输. 在这样的应用背景下，具有 UEP 特性的喷泉码被提出，如扩展窗喷泉码. 由于 EWF 码 [69] 是一种具有 UEP 和 URT 特性的 FEC 方案，因此在应用层，EWF 码能够依据 SVC 视频序列中数据层的不同重要性等级进行不等差错保护传输.

受文献 [141] 和 [142] 中提出的无线信道中基于喷泉码的 H.264 视频跨层传输方案的启发, 本书提出了基于喷泉码编码的可扩展视频在 DVB-H 网络中的跨层优化传输方案. 即在 AL 层采用 EWF 码编码和在 PL 层采用 H-QPSK 调制, 提出了 EWF 码编码与 H-QPSK 调制的 5 种有效结合方案. 第一, 我们在 DVB-H 网络中依据信道条件进行跨层优化以寻找各跨层传输方案在实现 H.264 SVC 压缩视频序列传输条件下的最优参数. 实验结果表明, 对于我们所提出的 5 种跨层传输方案, 每个方案都能够在特定的信噪比区间上取得各自的最佳性能. 第二, 针对 5 种跨层方案在不同信噪比区间的性能表现, 我们将 5 种跨层传输方案进行优化组合提出了 DVB-H 网络中可扩展视频的自适应传输方案, 即在不同信噪比区间自适应采用 5 种跨层传输方案中的最佳方案以取得最优的整体传输性能.

4.2　DVB-H 网络中可扩展视频的跨层传输方案

4.2.1　DVB-H 系统中的信息封装方案

可扩展视频在 DVB-H 标准下从应用层传输到物理层的协议栈如图 4.1 所示. 首先, 在应用层, GOP 中可扩展视频的各个符号在经过或者不经过 AL-FEC 编码后传送到网络层（NL）; 其次, 在网络层, 将来自 AL 层的符号封装成为 RTP/UDP 包并最后封装成 IP 数据包; 再次, 在数据链路层, 将每个 IP 数据包插入一个 MPE 区段中并归入 MPE 帧中; 最后, 每个 MPE 区段被封装成传输流（TS）包在 DVB-H 的物理层传输.

基于图 4.1 中可扩展视频在 DVB-H 标准下从应用层传输到物理层的协议栈, DVB-H 系统中的信息封装方案如图 4.2 所示, 其中, 不采用 RS 码对 IP 数据包进行 FEC 编码.

4.2.2　应用层 EWF 码的设计

在这里, 我们将 k 个信息符号分组划分为两个重要性等级, 即 MIS 和 LIS. 因此, 所采用的 EWF 码包含两个扩展窗, 此时 $r = 2$. 而且对于所采用的 EWF 码 $\mathcal{F}_{EW}(\Pi_1 x + \Pi_2 x^2, \Gamma_1 x + \Gamma_2 x^2, \Omega^{(1)}, \Omega^{(2)})$, 第一个扩展窗中度分布采用鲁棒孤波分布 $\Omega^{(1)}(x) = \Omega_{rs}(k_1, 0.5, 0.03)$, 其中　$k_1 = \Pi_1 k$; 第二个扩展窗中度分布采用固定度分布 [23]:

$$\Omega^{(2)}(x) = \Omega^R(x) = 0.007969x + 0.493570x^2$$
$$+ 0.166220x^3 + 0.072646x^4 + 0.082558x^5$$
$$+ 0.056058x^8 + 0.037229x^9 + 0.055590x^{19}$$
$$+ 0.025023x^{65} + 0.003135x^{66}$$

$$(4.2.1)$$

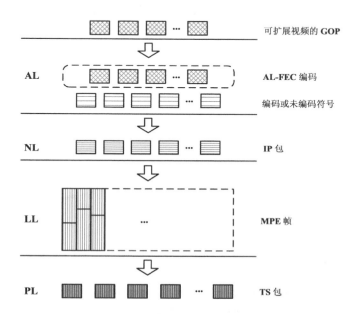

图 4.1　在 DVB-H 标准下可扩展视频传输的协议栈

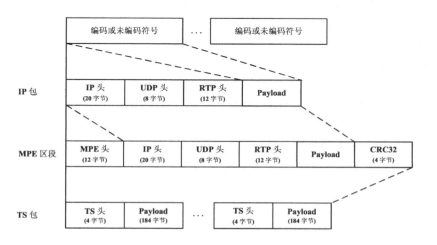

图 4.2　DVB-H 系统中的信息封装方案

下面给出具有两个重要性等级的 EWF 码的例子. 在不同译码开销 ε 和不同 Γ_1 条件下，EWF 码的渐近删除概率 (即 SER) 可以用与或树分析方法进行分析，也就是可以用式 (3.2.12) 计算得到.

（1）EWF 码的渐近删除概率 SER 随着 ε 变化情况.

$k = 3800$，$k_1 = 400$，则有 $\Pi_1 = 0.105$，$\Pi_2 = 0.895$，设置 $\Gamma_1 = 0.065$，则得到 EWF 码 $\mathcal{F}_{\mathrm{EW}}(0.105x + 0.895x^2, 0.065x + 0.935x^2, \Omega^{(1)}, \Omega^{(2)})$. 设置迭代次数为 200，在不同译码开销 ε 条件下，EWF 码的渐近删除概率 SER 如图 4.3 所示.

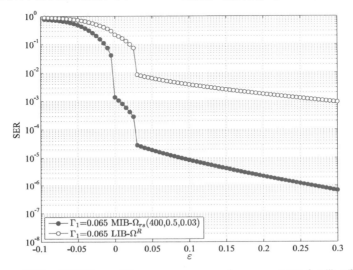

图 4.3 不同 ε 条件下 EWF 码 $\mathcal{F}_{\mathrm{EW}}(0.105x + 0.895x^2, 0.065x + 0.935x^2, \Omega^{(1)}, \Omega^{(2)})$ 中 MIS 和 LIS 的渐近 SER 性能

（2）EWF 码的渐近删除概率 SER 随着 Γ_1 变化情况.

$k = 3800$，$k_1 = 400$，则有 $\Pi_1 = 0.105$，$\Pi_2 = 0.895$，设置 $\varepsilon = 0.1$，则得到 EWF 码 $\mathcal{F}_{\mathrm{EW}}(0.105x + 0.895x^2, \Gamma_1 x + (1 - \Gamma_1)x^2, \Omega^{(1)}, \Omega^{(2)})$. 设置迭代次数为 200，在不同窗选择概率 Γ_1 条件下，EWF 码的渐近删除概率 SER 如图 4.4 所示.

从图 4.3 和图 4.4 可以看到，经过 EWF 码编码后，MIS 的渐近删除概率 SER 要远低于 LIS 的 SER. 因此经过 EWF 码编码，MIS 能够被更加可靠地传输且可以被更早地恢复出来.

由于 AL 上 k 个信息符号经过或者不经过 AL-FEC 编码传给 PL，因此 AL 传给 PL 的 AL 帧包含 k 个不编码符号或者 $(1 + \varepsilon_t)k$ 个 EWF 码编码符号，其中 ε_t 是在发送端的 EWF 码编码开销. 由于经过信道传输过程中引入的差错而导致的丢失，一些传输符号将不会被接收端正确接收，从而导致在接收端的译码开销 ε_r 与发送端的编码开销 ε_t 不相等，即 $\varepsilon_r \neq \varepsilon_t$.

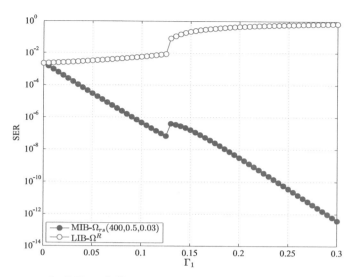

图 4.4 在 $\varepsilon = 0.05$ 时，不同 Γ_1 条件下 EWF 码 $\mathcal{F}_{\text{EW}}(0.105x + 0.895x^2, \Gamma_1 x + (1 - \Gamma_1)x^2, \Omega^{(1)}, \Omega^{(2)})$ 中 MIS 和 LIS 的渐近 SER 性能

因此，在 AL 上的参数包括 Π_i、Γ_i 和 ε_t，其中 $i = 1, 2$. 在跨层背景下，这些参数需要进一步被优化，而且需要推导 ε_r 与 ε_t 的关系表达式.

4.2.3　物理层 H-QPSK 的设计

4.2.3.1　等级 QPSK 调制

在等级调制的星座图中，每个星座点非均匀分布[146,147]并且传送信息依据自身的重要性等级映射到对应的星座点上[148]. 基于等级调制的特性，可在 PL 上利用等级调制实现 UEP. 因此，等级调制已经广泛地应用于不同的标准中[149]并且可以依据信息的重要性等级向传输信息提供不同的传输可靠性[150,151].

在本书中，为了对具有两个重要性等级的信息实现不等差错保护，采用等级 QPSK（H-QPSK）调制，其星座图是两个不同能量的 QPSK 星座图的组合[152,153]，如图 4.5 所示. 这样，可以依据信息的重要性等级将信息映射到相应的不同能量的 QPSK 星座点上. 在图 4.5 中，星座点 1、2、3 和 4 对应于 LIS，相应的相邻星座点间的距离为 d_L；而星座点 5、6、7 和 8 对应于 MIS，相应的相邻星座点间的距离为 d_M.

在该星座图中，每个发送的 QPSK 符号的能量为星座点与坐标原点之间欧氏距离的平方. 为此，d_L 和 d_M 将分别直接影响 LIS 和 MIS 的性能，同时 d_L 与 d_M 之间相互关联. 为了描述所采用的 H-QPSK 调制的星座图，我们引入了变量

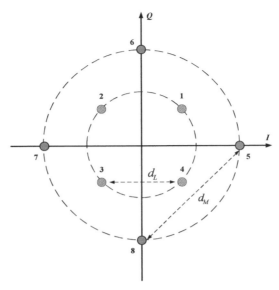

图 4.5 H-QPSK 调制星座图

β, 该变量为 d_L 与 d_M 的比值, 即

$$\beta = d_L/d_M \tag{4.2.2}$$

其中 $0 \leqslant \beta \leqslant 1$.

因此, 在 H-QPSK 调制系统中, β 是一个可以决定 MIS 与 LIS 之间能量分配的重要变量, 从而可以通过 H-QPSK 调制实现对具有两个重要性等级信息的 UEP, 即我们可以通过调整 β 的取值来改变 MIS 和 LIS 所对应的 QPSK 调制符号的能量来实现 UEP. 很容易知道, β 的取值越小, 将会给 MIS 对应的 QPSK 调制符号分配更多的能量, 从而使得 MIS 相较于 LIS 能够得到更多的保护, 并且 MIS 的误码率会比 LIS 的误码率低. 尤其是当 $\beta = 1$ 时, H-QPSK 实际上就退化为常规的 QPSK 调制, 这样 MIS 和 LIS 对应的 QPSK 调制符号将获得相同的能量, 使得 UEP 方案变成了 EEP 方案. 在极端情况下, 例如 $\beta = 0$, 所有的能量全部分配给 MIS, 即只对 MIS 进行编码传输.

由于 H-QPSK 调制方案不添加任何冗余信息, 因此这种传输方案能够在不降低系统中信息传输速度和传输效率的条件下实现对信息的 UEP 传输. 正是由于等级调制在实现 UEP 方面的优势, 近年来等级调制被应用于中继网络中实现信息的 UEP 传输[154,155].

· 62 ·

4.2.3.2 物理层 H-QPSK 的设计

正如前面已经提到的，在 H-QPSK 调制的星座图中，每一个调制符号的能量为星座点与坐标原点之间欧式距离的平方，因此，MIS 和 LIS 对应调制符号的能量分别为：

$$E_{sM} = (\frac{d_M}{\sqrt{2}})^2$$
$$E_{sL} = (\frac{d_L}{\sqrt{2}})^2 \tag{4.2.3}$$

假设用 $\overline{E}$ 表示 H-QPSK 调制星座图的平均能量. 需要强调的是，在本书中，我们假设 $\overline{E}$ 恒等于 1. 因此，针对 AL 帧的不同，H-QPSK 调制星座图的平均能量可以分为两种情况.

（1）在一个 AL 帧中包含一个没有编码的信息分组.

对于包含 k 个符号的信息分组，MIS 和 LIS 在一个 AL 帧中所占的比例分别为 Π_1 和 Π_2. 这样，H-QPSK 调制星座图的平均能量为：

$$\overline{E} = \Pi_1 E_{sM} + \Pi_2 E_{sL}$$

根据 (4.2.3)，上式可以写为：

$$\overline{E} = \Pi_1 (\frac{d_M}{\sqrt{2}})^2 + \Pi_2 (\frac{d_L}{\sqrt{2}})^2$$

由于 $\beta = d_L/d_M$ 和 $\Pi_2 = 1 - \Pi_1$，因此我们有：

$$\overline{E} = \Pi_1 (\frac{d_M}{\sqrt{2}})^2 + (1 - \Pi_1)(\frac{\beta d_M}{\sqrt{2}})^2$$
$$= \frac{d_M^2}{2}\Big(\Pi_1(1-\beta^2) + \beta^2\Big)$$

由于 $\overline{E} = 1$，所以有：

$$d_M^2 = \frac{2}{\Pi_1(1-\beta^2) + \beta^2}$$
$$d_L^2 = \frac{2\beta^2}{\Pi_1(1-\beta^2) + \beta^2} \tag{4.2.4}$$

（2）在一个 AL 帧中包含一个 EWF 码编码分组.

对于包含 $(1+\varepsilon_t)k$ 个符号的编码分组，MIS 和 LIS 在一个 AL 帧中所占的比例分别为 Γ_1 和 Γ_2. 这样，H-QPSK 调制星座图的平均能量为：

$$\overline{E} = \Gamma_1 E_{sM} + \Gamma_2 E_{sL}$$
$$= \frac{d_M^2}{2}\left(\Gamma_1(1-\beta^2)+\beta^2\right) \tag{4.2.5}$$

从而我们有：

$$d_M^2 = \frac{2}{\Gamma_1(1-\beta^2)+\beta^2}$$
$$d_L^2 = \frac{2\beta^2}{\Gamma_1(1-\beta^2)+\beta^2} \tag{4.2.6}$$

对于一个从 AL 层传送到 LL 层的 AL 帧（未采用 AL-FEC 编码或者采用 AL-FEC 编码），在 LL 层将会给每一个 IP 包添加循环冗余校验（CRC）比特以检测传输过程中的传输差错. 首先，我们采用 CRC-32，其生成多项式为 $1 + x^2 + x^4 + x^7 + x^8 + x^{10} + x^{11} + x^{12} + x^{16} + x^{22} + x^{23} + x^{26} + x^{32}$ [156]. 一个 IP 包附加 12 字节的 MPE 头和 4 字节的 CRC-32 构成一个 MPE 区段. 然后，每个 MPE 区段会被分割成整数个 TS 包. 最后，采用 H-QPSK 对每个 TS 包进行调制. 因此，在 PL 上的参数为 β. 在跨层背景下，该参数需要进一步被优化.

4.2.4　DVB-H 网络中可扩展视频的跨层传输方案

根据在 AL 和 PL 上采用的 UEP 传输方案，我们可以得到 5 种基于喷泉码编码的可扩展视频在 DVB-H 网络中的跨层传输方案，如表 4.2 所示.

表 4.2　提出的跨层传输方案

传输方案	1	2	3	4	5
AL	No FEC	No FEC	EEP	UEP	UEP
PL	EEP	UEP	EEP	EEP	UEP

图 4.6 中给出了跨层传输方案 1 和方案 2 的实现流程，图 4.7 中给出了跨层传输方案 3、方案 4 和方案 5 的实现流程.

方案 1 中，在 AL 上对一个 AL 帧中的信息符号不进行任何 FEC 编码而直接传送给 PL，在 PL 上对全部 TS 包采用传统 QPSK 进行调制，即 $\beta = 1$.

方案 2 中，在 AL 上对一个 AL 帧中的信息符号不进行任何 FEC 编码而直接传送给 PL，在 PL 上依据 TS 包的重要性等级进行 H-QPSK 调制.

方案 3 中，在 AL 上对一个 AL 帧中的信息符号进行 EEP LT 码编码后传送给 PL，在 PL 上对全部 TS 包采用传统 QPSK 进行调制. 其中，AL 上采用的 LT 码是 EWF 码在 $\Gamma_1 = 0$ 时的特例.

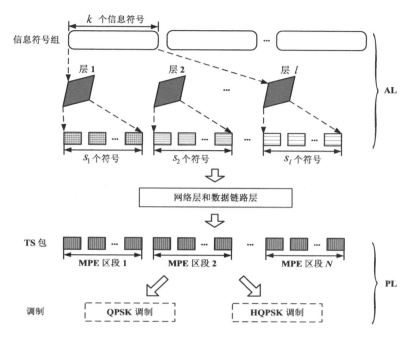

图 4.6 跨层传输方案 1 和方案 2 的实现流程

方案 4 和方案 5 中,在 AL 上都进行了 UEP 编码. 方案 4 是方案 1 在 AL 上添加了 UEP EWF 码编码后的结果. 由于 EWF 码自身的额外编译码开销使得方案 4 的性能将在高信噪比的条件下不会优于方案 1 的性能.

方案 5 中,在 AL 和 PL 上都对信息符号采用了 UEP 保护. 其中,在 AL 上依据信息符号的重要性等级进行 EWF 码编码,由此一个 AL 帧中的每个 EWF 码编码符号具有不等重要性等级. AL 帧传送到 PL 后,在 PL 上依据 TS 包的重要性等级进行 H-QPSK 调制. 由于该方案在 AL 上和 PL 上都进行了 UEP 保护,因此 MIS 将因为 EWF 码编码和 H-QPSK 调制而得到更多的保护. 我们也由此期望该方案能够在低信噪比的条件下取得最佳的性能.

4.3   DVB-H 网络中可扩展视频跨层传输方案的分析

为分析方便起见,首先我们假设每一个经过或者不经过 AL-FEC 编码的符号被封装成一个 IP 数据包,然后每个 IP 包又被封装成一个 MPE 区段,最后每个 MPE 区段以一个长度为 188 字节的 TS 包的形式在 DVB-H 系统的信道中传输.

由于在本书中采用 CRC-32 作为检错码并假设其能够检测出每一个 MPE 区

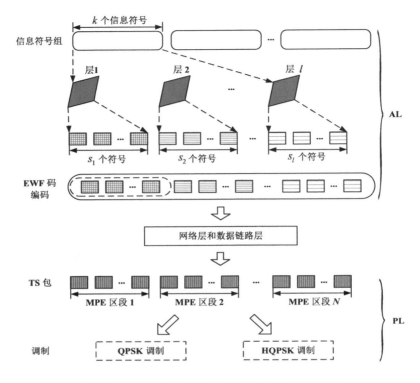

图 4.7　跨层传输方案 3、方案 4 和方案 5 的实现流程

段是否被正确接收,从而可以判断一个 MPE 区段是否被正确接收. 通过 DVB-H 信道传输后,一个 MPE 区段在接收端如果不能通过 CRC 校验,则该 MPE 区段就不会被传送给 AL 参与译码而等待接收下一个 MPE 区段,即只有正确接收的 TS 包才能传送到 AL. 这样采用检错码的无线信道可以看成一个删除信道[157],这样在 PL 上符号的删除概率就等价于 TS 包的错误概率.

我们假设每个信息分组中包含 k 个信息符号,其中,k_1 个 MIS 和 k_2 个 LIS,且 $k = k_1 + k_2$. 每个信息分组划分为 l 个数据层,各数据层分别包含 $s_1, s_2, \cdots, s_l$ 个符号. 在每个信息分组中,数据层的重要性等级随着层序号的增大而降低. 由于扩展视频自身特点而存在的错误传播效应,我们假设在接收端的 AL 上只有当一个数据层自身及其前面的所有数据层都被正确接收的条件下,该数据层才能够用于提高接收视频的质量. 这样 H.264 SVC 视频流在接收端的恢复质量完全取决于连续正确接收数据层的数量. 这里用 $P_1, P_2, \cdots, P_l$ 分别表示 l 个数据层能够被正确接收的概率.

4.3.1   方案 1 的分析

方案 1 中，AL 上未进行 FEC 编码的数据分组被直接传送给 PL，在 PL 上 k 个 TS 包采用 QPSK 进行调制. 假设用 P_e 表示 PL 上 TS 包的删除概率，则有：

$$P_e = 1 - (1 - P_b)^{8S} \tag{4.3.1}$$

其中，$P_b = \frac{1}{2} erfc \sqrt{\frac{E_b}{N_0}}$ 是 PL 上 QPSK 调制的比特错误概率；$erfc(.)$ 是互补误差函数，定义为 $erfc(x) \triangleq \frac{2}{\sqrt{\pi}} \int_x^\infty e^{-t^2} dt$ [158]；S 是 TS 包的长度，且 $S = 188$ 字节.

这样第 i 个数据层能够被正确接收的概率 P_i 计算为：

$$P_i = (1 - P_e)^{s_i} \tag{4.3.2}$$

其中，s_i 是第 i 个数据层中包含的符号数目.

4.3.2   方案 2 的分析

方案 2 中，在 PL 上对一个数据分组中的 k 个 TS 包依据其重要性等级进行 H-QPSK 调制. 由于在 H-QPSK 调制中 MIS 和 LIS 对应星座点能量不同，所以 MIS 和 LIS 的比特信噪比也不相同. 假设 MIS 和 LIS 的比特信噪比分别表示为 $(\frac{E_b}{N_0})_M$ 和 $(\frac{E_b}{N_0})_L$.

因为

$$
\begin{aligned}
(\frac{E_b}{N_0})_M &= \frac{E_{sM}}{2N_0} \\
(\frac{E_b}{N_0})_L &= \frac{E_{sL}}{2N_0}
\end{aligned} \tag{4.3.3}
$$

其中，$\sigma_n^2 = \frac{N_0}{2}$.

所以依据式 (4.2.3) 和 (4.2.4)，将 $(\frac{E_b}{N_0})_M$ 和 $(\frac{E_b}{N_0})_L$ 写为关于 β 的表达式，有：

$$
\begin{aligned}
(\frac{E_b}{N_0})_M &= \frac{1}{4\sigma_n^2\big(\Pi_1(1-\beta^2) + \beta^2\big)} \\
(\frac{E_b}{N_0})_L &= \frac{\beta^2}{4\sigma_n^2\big(\Pi_1(1-\beta^2) + \beta^2\big)}
\end{aligned} \tag{4.3.4}
$$

假设用 P_{eM} 和 P_{eL} 分别表示在 PL 上 MIS 和 LIS 对应 TS 包的删除概率，则有：

$$
\begin{aligned}
P_{eM} &= 1 - (1 - P_{bM})^{8S} \\
P_{eL} &= 1 - (1 - P_{bL})^{8S}
\end{aligned} \tag{4.3.5}
$$

其中，$P_{bM} = \frac{1}{2}erfc\sqrt{(\frac{E_b}{N_0})_M}$ 和 $P_{bL} = \frac{1}{2}erfc\sqrt{(\frac{E_b}{N_0})_L}$ 分别为 MIS 和 LIS 在 PL 上的比特错误概率.

因此，若第 i 个数据层位于第一个扩展窗中，则有：

$$P_i = (1 - P_{eM})^{s_i} \tag{4.3.6}$$

其中，s_i 是第 i 个数据层中包含的符号数目.

若第 j 个数据层位于第二个扩展窗中，则有：

$$P_j = (1 - P_{eL})^{s_j} \tag{4.3.7}$$

其中，s_j 是第 j 个数据层中包含的符号数目.

4.3.3　方案 3 的分析

方案 3 中，在 AL 上对一个数据分组中的 k 个符号进行 LT 码编码，这样在编码开销为 ε_t 的条件下一个 AL 帧中包含 $(1 + \varepsilon_t)k$ 个 LT 码编码符号. AL 帧传送到 PL 后对 $(1 + \varepsilon_t)k$ 个 TS 包进行 QPSK 调制，由于 MIS 和 LIS 采用相同的 QPSK 调制，因此 MIS 和 LIS 具有相同的符号删除概率，且符号删除概率与方案 1 中相同，如式 (4.3.1) 所示. 在信道中传输的 TS 包由于传输差错而被删除，使得在接收端接收译码开销 ε_r 与发送端的编码开销 ε_t 不相等. 这样 ε_r 可计算为：

$$\varepsilon_r = (1 + \varepsilon_t)(1 - P_e) - 1 \tag{4.3.8}$$

基于接收端的接收译码开销 ε_r 以及所采用的 LT 码的相关参数，我们采用式 (3.2.10) 可以计算出在 AL 上所正确接收的 LT 码经过硬判决 BP 算法迭代译码后第一个和第二个扩展窗中信息符号的渐近符号删除概率. 由于 LT 码的等差错保护特性，使得 MIS 和 LIS 在 AL 上具有相同的符号删除率. 若用 P_e' 表示 AL 上信息符号（包括 MIS 和 LIS）的符号删除率，则将 P_e' 代入式 (4.3.2) 中就可以计算出 l 个数据层中每个数据层被正确接收的概率.

4.3.4　方案 4 的分析

方案 4 中，在 AL 上对一个数据分组中的 k 个符号进行 EWF 码编码，在编码开销为 ε_t 的条件下一个 AL 帧中包含 $(1 + \varepsilon_t)k$ 个 EWF 码编码符号. AL 帧传送到 PL 后对每一个 TS 包进行 QPSK 调制，由于 MIS 和 LIS 对应的 EWF 码编码符号采用相同的 QPSK 调制，因此 MIS 和 LIS 对应的 TS 包具有相同的符号删除概率, 且符号删除概率与方案 1 中相同, 如式 (4.3.1) 所示. 在接收端接收译码开销 ε_r 与方案 2 相同, 如式 (4.3.8) 所示.

基于接收端的接收译码开销 ε_r 以及所采用的 EWF 码 $\mathcal{F}_{EW}(\Pi_1 x + \Pi_2 x^2, \Gamma_1 x + \Gamma_2 x^2, \Omega^{(1)}, \Omega^{(2)})$ 的相关参数, 我们采用式 (3.2.12) 可以计算出在 AL 上所正确接收的 EWF 码经过硬判决 BP 算法迭代译码后第一个和第二个扩展窗中信息符号的渐近符号删除概率. 假设用 P'_{eM} 和 P'_{eL} 分别表示在 AL 上第一个扩展窗和第二个扩展窗中的符号删除概率, 则将 P'_{eM} 和 P'_{eL} 代入式 (4.3.6) 和 (4.3.7) 中就可以计算出 l 个数据层中每个数据层被正确接收的概率.

4.3.5   方案 5 的分析

方案 5 中, 在 AL 上采用 EWF 码对信息分组中的 k 个信息符号进行编码, 从而产生 $(1 + \varepsilon_t)k$ 个 EWF 码编码符号. AL 帧传送到 PL 后对 $(1 + \varepsilon_t)k$ 个 TS 包依据其重要性等级进行 H-QPSK 调制. 由于在 H-QPSK 中 MIS 和 LIS 对应星座点能量不同, 所以 MIS 和 LIS 的比特信噪比也不相同. 假设 MIS 和 LIS 的比特信噪比分别表示为 $(\frac{E_b}{N_0})_M$ 和 $(\frac{E_b}{N_0})_L$.

因为

$$\begin{aligned} (\frac{E_b}{N_0})_M &= \frac{E_{sM}}{2N_0} \\ (\frac{E_b}{N_0})_L &= \frac{E_{sL}}{2N_0} \end{aligned} \tag{4.3.9}$$

其中, $\sigma_n^2 = \frac{N_0}{2}$.

所以依据式 (4.2.3) 和式 (4.2.6), 将 $(\frac{E_b}{N_0})_M$ 和 $(\frac{E_b}{N_0})_L$ 写为关于 β 的表达式, 则有:

$$\begin{aligned} (\frac{E_b}{N_0})_M &= \frac{1}{4\sigma_n^2 (\Gamma_1(1-\beta^2) + \beta^2)} \\ (\frac{E_b}{N_0})_L &= \frac{\beta^2}{4\sigma_n^2 (\Gamma_1(1-\beta^2) + \beta^2)} \end{aligned} \tag{4.3.10}$$

假设用 P_{eM} 和 P_{eL} 分别表示在 PL 上 MIS 和 LIS 对应 TS 包的删除概率, 则有:

$$\begin{aligned} P_{eM} &= 1 - (1 - P_{bM})^{8S} \\ P_{eL} &= 1 - (1 - P_{bL})^{8S} \end{aligned} \tag{4.3.11}$$

其中, $P_{bM} = \frac{1}{2} erfc \sqrt{(\frac{E_b}{N_0})_M}$ 和 $P_{bL} = \frac{1}{2} erfc \sqrt{(\frac{E_b}{N_0})_L}$ 分别为 MIS 和 LIS 在 PL 上的比特错误概率.

由于在 PL 上 MIS 和 LIS 具有不同的符号删除概率, 因此我们有:

$$\varepsilon_r = \varepsilon_t - (1 + \varepsilon_t)(\Gamma_1 P_{eM} + \Gamma_2 P_{eL}) \tag{4.3.12}$$

$$\Gamma_{r1} = \frac{\Gamma_1(1 + \varepsilon_t)(1 - P_{eM})}{1 + \varepsilon_r}$$

$$\Gamma_{r2} = \frac{\Gamma_2(1 + \varepsilon_t)(1 - P_{eL})}{1 + \varepsilon_r} \tag{4.3.13}$$

其中, Γ_{r1} 和 Γ_{r2} 分别为在正确接收的 EWF 码编码符号中 MIS 和 LIS 对应的编码符号所占的比例.

基于接收端的接收译码开销 ε_r 以及所采用的 EWF 码 $\mathcal{F}_{EW}(\Pi_1 x + \Pi_2 x^2, \Gamma_{r1} x + \Gamma_{r2} x^2, \Omega^{(1)}, \Omega^{(2)})$ 的相关参数, 我们采用式 (3.2.12) 可以计算出在 AL 上所正确接收的 EWF 码经过硬判决 BP 算法迭代译码后第一个和第二个扩展窗中信息符号的渐近符号删除概率. 假设用 P'_{eM} 和 P'_{eL} 分别表示在 AL 上第一个和第二个扩展窗中的符号删除概率, 则将 P'_{eM} 和 P'_{eL} 代入式 (4.3.6) 和式 (4.3.7) 中就可以计算出 l 个数据层中每个数据层被正确接收的概率.

4.4　DVB-H 网络中可扩展视频跨层传输方案的优化函数

4.4.1　H.264 SVC 视频传输性能的评价指标

H.264 SVC 视频序列的质量可以用很多指标来衡量, 如 PSNR. 在本章中, 我们采用有效吞吐量来度量在不同跨层传输方案中 H.264 SVC 压缩视频序列的传输效率并反映接收端所恢复 H.264 SVC 压缩视频序列的 PSNR.

在连续正确接收的数据层中符号数目的期望值计算为:

$$NUM_{avg} = \sum_{i=0}^{l} P(i) \cdot NUM(i) \tag{4.4.1}$$

其中, $NUM(0) = 0$, 对于 $i > 0$, $NUM(i)$ 是正确恢复 i 个连续 SVC 层中符号的数目. 通常在连续正确接收的数据层中符号数目的期望值由所采用的可扩展视频编码器和所传输的视频内容决定.

连续正确接收 i 个 SVC 层的概率 $P(i)$ 可以计算为[71]:

$$P(i) = \begin{cases} 1 - P_1, & \text{for } i = 0 \\ \prod_{j=1}^{i} P_j \cdot (1 - P_{i+1}), & \text{for } i = 1, 2, \cdots, l-1 \\ \prod_{j=1}^{l} P_j, & \text{for } i = l \end{cases} \tag{4.4.2}$$

H.264 SVC 视频序列传输的有效吞吐量定义为:

$$\eta = \frac{NUM_{avg}}{\text{传输的总符号数目}} \tag{4.4.3}$$

在本章所提出的跨层传输方案中, 跨层优化的目标就是最大化一个 H.264 SVC 压缩视频序列传输的有效吞吐量. 因此在本书中, 在第一个扩展窗中符号删除概率小于等于 0.01 的条件下, 我们通过调节 AL 和 PL 上所采用 UEP 方案的相关参数来最大化有效吞吐量.

4.4.2 各跨层传输方案的优化函数

1. 方案 2 的优化函数

方案 2 中, 优化参数为 β. 对于该传输方案, 优化函数为:

$$\beta^* = \arg \max \eta$$
$$s.t. \begin{cases} P_{eM} \leqslant 0.01 \\ 0 \leqslant \beta \leqslant 1 \end{cases} \tag{4.4.4}$$

2. 方案 4 的优化函数

方案 4 中, 优化参数为 Γ_1. 对于该传输方案, 优化函数为:

$$\Gamma_1^* = \arg \max \eta$$
$$s.t. \begin{cases} P_{eM}' \leqslant 0.01 \\ 0 \leqslant \Gamma_1 \leqslant 1 \end{cases} \tag{4.4.5}$$

3. 方案 5 的优化函数

方案 5 中, 在 AL 和 PL 上都采用了 UEP 方案, 因此优化参数为 Γ_1 和 β. 对于该传输方案, 优化函数为:

$$\{\Gamma_1^*, \beta^*\} = \arg \max \eta$$
$$s.t. \begin{cases} P_{eM}' \leqslant 0.01 \\ 0 \leqslant \Gamma_1 \leqslant 1 \\ 0 \leqslant \beta \leqslant 1 \end{cases} \tag{4.4.6}$$

4.5 DVB-H 网络中可扩展视频跨层传输方案的优化结果及分析

4.5.1 各跨层传输方案的优化结果

为了评估 5 个跨层传输方案的性能, 在 DVB-H 网络中将 H.264 SVC 压缩视频序列 CIF Stefan 作为传输对象并进行跨层优化. 然后, 依据在 DVB-H 网络中 5 个跨层传输方案的性能, 提出了一个 DVB-H 网络中自适应的传输方案.

表 4.1 列举出了 H.264 SVC 压缩视频序列 CIF Stefan 的相关参数. 对于 5 个跨层传输方案, 在 AL 上一个 GOP 中包含 $k = 3800$ 个符号, 并将 3800 个符号划分为 2 个重要性等级, 即将 BL 作为 MIS, 将 14 个 EL 作为 LIS. 当采用 EWF 码进行编码时, 将 BL 中的 $k_1 = 400$ 个符号放到 EWF 码的第一个扩展窗中, 将 BL 和 14 个 EL 中共 3800 个符号放到第二个扩展窗中, 从而有 $\Pi_1 = 400/3800 = 0.105$. 当接收端连续正确接收到不同数目的 SVC 层, 其所包含的符号数目如表 4.1 所示.

由于跨层 UEP 传输方案的优化是一个非线性优化问题, 因此我们利用遗传算法 (Genetic Algorithm, GA) 进行优化. 为简便起见, 我们采用 MATLAB 软件自带的 GA 工具箱实现优化从而得到优化参数.

在这里我们以 $\varepsilon_t = 0.3$ 为例来进行跨层优化, 通过联合调整 AL 和 PL 上 UEP 方案的参数从而获得可能的最大有效吞吐量. 显然, 对于方案 1 和方案 3 没有必要进行跨层优化, 其对应的理论有效吞吐量分别如表 4.3 和表 4.5 所示. 经过跨层优化后得到方案 2、方案 4 和方案 5 的理论优化结果如表 4.4、表 4.6 和表 4.7 所示. 图 4.8 给出了方案 1、方案 2、方案 3、方案 4 和方案 5 的优化结果.

表 4.3　方案 1 的有效吞吐量

E_b/N_0(dB)	-2	-1	0	1	2	3	4	5	6	7	8	9	10	11	12	13	14	15
η	0	0	0	0	0	0	0	0	0	0	0	0	0.012	0.490	0.973	0.999	1	1

表 4.4　方案 2 的跨层优化参数

E_b/N_0(dB)	-2	-1	0	1	2	3	4	5	6	7	8	9	10	11	12	13	14	15
β	—	—	0.005	0.007	0.027	0.088	0.198	0.283	0.371	0.406	0.515	0.622	0.797	0.965	0.986	1	1	1
η	0	0	0.002	0.078	0.104	0.105	0.105	0.105	0.105	0.105	0.105	0.105	0.107	0.511	0.974	0.999	1	1

表 4.5　方案 3 的有效吞吐量

E_b/N_0(dB)	-2	-1	0	1	2	3	4	5	6	7	8	9	10	11	12	13	14	15
ε_r	—	—	—	—	—	—	—	—	—	—	—	0.236	0.292	0.299	0.3	0.3	0.3	0.3
η	0	0	0	0	0	0	0	0	0	0	0	0.208	0.291	0.302	0.303	0.303	0.303	0.303

表 4.6 方案 4 的跨层优化参数

E_b/N_0(dB)	-2	-1	0	1	2	3	4	5	6	7	8	9	10	11	12	13	14	15
Γ_1	—	—	—	—	—	—	—	—	—	0.364	0.146	0.018	0.015	0.015	0.015	0.015	0.015	0.015
ε_r	—	—	—	—	—	—	—	—	—	-0.594	-0.024	0.236	0.292	0.299	0.3	0.3	0.3	0.3
η	0	0	0	0	0	0	0	0	0	0.081	0.081	0.249	0.324	0.334	0.335	0.335	0.335	0.335

表 4.7 方案 5 的跨层优化参数

E_b/N_0(dB)	-2	-1	0	1	2	3	4	5	6	7	8	9	10	11	12	13	14	15
Γ_1	—	0.113	0.151	0.18	0.23	0.282	0.293	0.525	0.611	0.364	0.146	0.018	0.015	0.015	0.015	0.015	0.015	0.015
β	—	0.019	0.073	0.197	0.272	0.366	0.514	0.537	0.782	1	1	1	1	1	1	1	1	1
ε_r	—	-0.872	-0.848	-0.847	-0.847	-0.847	-0.847	-0.847	-0.847	-0.594	0.024	0.236	0.292	0.299	0.3	0.3	0.3	0.3
Γ_{r1}	—	1	1	1	1	1	1	1	1	0.364	0.146	0.018	0.015	0.015	0.015	0.015	0.015	0.015
η	0	0.081	0.081	0.081	0.081	0.081	0.081	0.081	0.081	0.081	0.081	0.249	0.324	0.334	0.335	0.335	0.335	0.335

4.5.2 各跨层传输方案优化结果的分析

从表 4.3 和表 4.6 中可以看到, 在信噪比区间 $\frac{E_b}{N_0} \geqslant 11$ dB 上, 方案 1 的性能要优于方案 4 的性能. 而在信噪比区间 $6 < \frac{E_b}{N_0} < 11$ dB 上, 方案 4 的性能却比方案 1 的性能好. 即在信噪比区间 $11 < \frac{E_b}{N_0} < 13.5$ dB 上, 方案 1 能够正确传输 BL 和一些 EL, 甚至于在 $\frac{E_b}{N_0} \geqslant 13.5$ dB 上可以正确传输全部 EL. 在信噪比区间

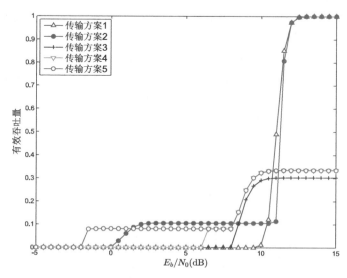

图 4.8 $\varepsilon_t = 0.3$ 时各跨层传输方案的理论优化结果和仿真结果

$6 < \frac{E_b}{N_0} < 11$ dB 上，方案 4 相较于方案 1 能够正确传输更多的数据层，从而使得恢复视频的质量优于方案 1. 这是由于方案 4 在 AL 层采用 EWF 码进行编码. 一方面，由于方案 4 在 AL 层采用了 EWF 码，使得 BL 得到更多的保护并能够在信噪比区间 $6 < \frac{E_b}{N_0} < 11$ dB 上得到恢复. 另一方面，虽然在 $\frac{E_b}{N_0} \geqslant 11$ dB 上，在 PL 层的删除概率足够低的条件下，使得大部分甚至于全部 EL 对应的 TS 包都可以被接收端正确接收，但是由于 AL 层 EWF 码译码错误平层效应的存在，导致方案 4 不能进一步提高有效吞吐量. 这个结果意味着在高信噪比区间上，由于在 AL 上对信息分组进行 EWF 编码会引入编码冗余从而导致有效吞吐量的降低，所以在信噪比足够高的条件下没有必要在 AL 层对信息分组进行 FEC 编码，也正因为此，相较于方案 4，方案 1 可以取得更好的有效吞吐量.

从表 4.4 和表 4.6 中可见，在信噪比区间 $8 < \frac{E_b}{N_0} \leqslant 11$ dB 上，方案 4 的性能优于方案 2 的性能. 然而在信噪比区间 $0.5 \leqslant \frac{E_b}{N_0} \leqslant 8$ dB，方案 2 的性能却优于方案 4 的性能，此时的有效吞吐量为 0.105，表明方案 2 能够在信噪比区间 $0.5 \leqslant \frac{E_b}{N_0} \leqslant 8$ dB 上正确恢复 BL. 这是由于方案 2 在 PL 层采用了 H-QPSK 调制，BL 对应的 TS 包得到了足够多的能量，使得在 $0.5 \leqslant \frac{E_b}{N_0} \leqslant 8$ dB 上 BL 对应 TS 包的删除概率足够低从而保证 BL 的正确接收，为此 EL 就不能被正确接收. 同时，由于方案 4 在 PL 上采用了 QPSK 调制，使得 BL 和 EL 对应 EWF 码编码符号在 PL 的删除概率相同，导致在 $-2 \leqslant \frac{E_b}{N_0} \leqslant 6$ dB 上所有 EWF 码的编码符号都不能被正确接收，所以对应的有效吞吐量为 0. 也正因为方案 4 在 AL 层上采用了 EWF 编码，所以一方面，在 $8 < \frac{E_b}{N_0} \leqslant 11$ dB 上随着 PL 上删除概率的降低，BL 和部分 EL 能够得到恢复；另一方面，虽然在 $\frac{E_b}{N_0} \geqslant 11$ dB 上，在 PL 层的删除概率足够低的条件下，由于 AL 层 EWF 码译码错误平层效应的存在，导致方案 4 不能进一步提高有效吞吐量，方案 2 也因此能够取得相较于方案 4 更好的性能.

从表 4.4 和表 4.7 中的结果可以看到，在信噪比区间 $1.5 \leqslant \frac{E_b}{N_0} \leqslant 8$ dB 上，方案 2 的性能要优于方案 5 的性能，而在信噪比区间 $-1.5 \leqslant \frac{E_b}{N_0} \leqslant 1.5$ dB 上，方案 5 的性能却优于方案 2 的性能，此时的有效吞吐量为 0.081. 表明在信噪比区间 $-1.5 \leqslant \frac{E_b}{N_0} \leqslant 1.5$ dB 上，方案 5 能够正确传输 BL 而方案 2 却不能. 由于在方案 2 和方案 5 中，在 PL 层都采用了 QPSK 调制，使得方案 2 在 $3 \leqslant \frac{E_b}{N_0} \leqslant 10.5$ dB 上能够恢复 BL，方案 5 在 $0 \leqslant \frac{E_b}{N_0} \leqslant 8$ dB 上能够恢复 BL. 也正因为方案 5 在 AL 上采用了 EWF 编码，所以一方面，在 $0 \leqslant \frac{E_b}{N_0} \leqslant 2.5$ dB 上 BL 能够得到恢复，在 $8 \leqslant \frac{E_b}{N_0} \leqslant 11$ dB 上部分 EL 能够得到恢复；另一方面，由于 AL 层 EWF 码译码错误平层效应的存在，导致在 $\frac{E_b}{N_0} \geqslant 11$ dB 上方案 5 不能进一步提高有效吞吐量.

显然，由于方案 3 在 AL 和 PL 上分别采用了 EEP LT 编码和 QPSK 调制，所以在信噪比区间 $-2 \leqslant \frac{E_b}{N_0} \leqslant 15$ dB 上方案 3 的性能始终比其他方案的性能都差，因此在下面的自适应传输方案中将不会采用方案 3 进行传输.

4.6 DVB-H 网络中可扩展视频的自适应传输方案

如图 4.8 所示, 在我们提出的 5 种跨层传输方案中, 每个方案都能够在特定的信噪比区间上取得各自的最佳性能. 因此我们可以依据目前的信道条件自适应地采用合适的传输方案, 从而取得最好的整体传输性能.

为此, 对于视频序列 CIF Stefan, 依据上述跨层优化的结果, 我们可以得到如下的自适传输方案: 在信噪比区间 $\frac{E_b}{N_0} > 11$ dB 上, 我们采用方案 1; 在信噪比区间 $8 < \frac{E_b}{N_0} \leqslant 11$ dB 上, 采用方案 4; 在信噪比区间 $1.5 < \frac{E_b}{N_0} \leqslant 8$ dB 上采用方案 2; 而在信噪比区间 $\frac{E_b}{N_0} \leqslant 1.5$ dB 上采用方案 5. 对于视频序列 CIF Stefan, 我们所提出的自适应传输方案的有效吞吐量如图 4.9 所示.

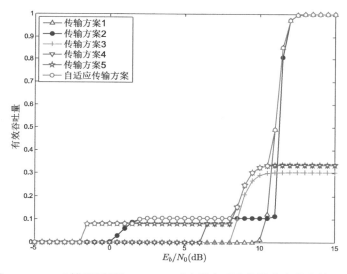

图 4.9 $\varepsilon_t = 0.3$ 时视频序列 CIF Stefan 对应的自适应传输方案的有效吞吐量

在 $\varepsilon_t = 0.1$ 和 $\varepsilon_t = 0.2$ 的条件下, 采用相同的方法对 5 个跨层传输方案进行跨层优化, 从而得到其对应的自适应传输方案, 如图 4.10 所示. 实验结果表明, 从整体传输性能上来说我们所提出的自适应传输方案能够取得更好的有效吞吐量, 尤其在低信噪比区间上这点体现得更加明显.

4.7 本章小结

本章中, 我们提出了 5 种跨层传输方案, 并通过调整相应参数实现跨层优化以最大化有效吞吐量来评估这些传输方案的性能. 基于跨层优化的结果, 提出

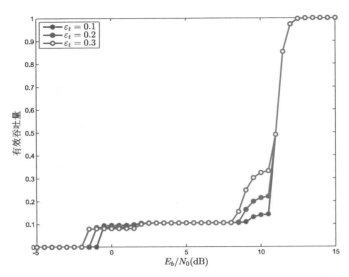

图 4.10　$\varepsilon_t = \{0.1, 0.2, 0.3\}$ 时视频序列 CIF Stefan 分别对应的自适应传输方案的有效吞吐量

了 DVB-H 网络中可扩展视频的自适应传输方案，也就是依据当前的信道条件采用合适的跨层传输方案. 实验结果表明，从整体传输性能上来说，相较于 5 种传输方案，我们所提出的自适应传输方案能够在所有信噪比区间（包括低信噪比区间）上取得更好的有效吞吐量.

第 5 章 喷泉码在多媒体信息传输中的应用与实现

　　随着第四代和第五代数字蜂窝移动通信网络的大规模建设、部署以及未来第六代数字蜂窝移动通信网络的陆续商用,海量的多媒体信息需要通过智能移动终端实现在无线通信网络中的传输. 因此,利用喷泉码的无码率编码特性,实现对多媒体信息传递过程的 FEC 差错控制可以有效地提高多媒体信息在通信系统中传输的可靠性.

5.1　多媒体信息

5.1.1　多媒体信息及其表示

　　多媒体信息一般指用文本、图形、图像、动画、音频和视频等形式表示的信息,其最大特点是数据类型复杂和数据信息量大.

　　在计算机系统中,多媒体信息需要经过信息的数字化后进行存储和处理. 所谓信息的数字化,是通过数字化的设备,把文本、图像、音频和视频等信息,按照一定的规律和标准转换为 0 和 1,即用数字的形式来表示各种类型的信息,使其能被计算机所识别、存储和加工处理. 数字表示信息的最小单位是比特(bit),通过比特可以表示各种各样的信息. 无论是文字、图像、音频和视频,在计算机系统中存储和传输时都可以分解为一系列比特的排列组合来表示,而且可以用比特表示一个状态.

5.1.2　各种多媒体信息的特点

1. 文本信息

文本信息包括字母、数字和各种符号，它是最基本的传输媒体，也是出现最为频繁的媒体. 与其他媒体相比，文本信息是最容易处理、所占用的比特存储空间最小、最方便利用计算机输入和存储的媒体.

2. 图信息

图信息包括图形信息和图像信息[159–162].

图形一般指用计算机绘制的图案，如直线、圆、圆弧、任意曲线和图表等，即图形是由计算机绘制的以点、线、面等元素为基本单位构成的有明显轮廓的画面. 图形一般由线条和色块构成. 图形可以用矢量图表示. 矢量图是指通过一组指令集来描述构成一幅图形的所有点、线、框、圆、弧、面等几何元素的位置、维数、大小和色彩的二维或者三维的图形形状. 一般矢量图只能靠软件生成，矢量图生成的文件占用内存空间较小. 矢量图放大后仍能保持清晰度，适用于图形设计、文字设计和一些标志设计、版式设计等.

图像是指由数字化设备获取的实际场景画面或以数字化形式存储的任意画面. 图像一般由客观世界中原来存在的物体映射而成，是数字化的方法记录的模拟影像. 图像信息的数字化是采用空间分割的方法，将图像分成若干个像素点，然后对每个像素点用若干个二进制比特进行编码. 因此图像是以像素点为基本单位构成的画面. 图像通常用点位图表示. 点位图简称位图，它是把一幅图像分解成许多像素点，对于每个像素点，则用若干个二进制比特来描述该像素的颜色，描述一幅图像颜色的二进制位数称为该图像的颜色深度. 位图的颜色深度通常有 8 位、16 位和 24 位等. 颜色深度越大、表达的颜色越全，相应的数据量也越大. 图像信息数字化后，往往还要进行压缩. 位图文件通常采用的存储格式包括 BMP 格式（文件后缀名为 .bmp）、GIF 格式（文件后缀名为 .gif）、TIFF 格式（文件后缀名为 .tif 或 .tiff）、JPEG 格式（文件后缀名为 .jpg 或 .jpeg）和 PSD 格式（文件后缀名为 .psd）.

图形和图像是人类最容易接收的信息，图信息可以形象、生动、直观地表现出大量的信息. 与文本信息相比，图信息要占用较多的比特存储空间. 相较于视频信息而言，图信息是静态的图像.

3. 动态信息

动态信息分为动画信息和视频信息[161–164].

动画是通过一系列连续渐变的画面，以一定速度顺次播放，从而构成运动效果的视觉媒体. 顺次播放的每个画面称为动画的一帧. 因此只要将这些连续渐变的帧以一定的速度播放，就可以产生动画。一般按照空间感区分，可以分为二维

（平面）动画和三位（立体）动画.

视频是将一幅幅独立的图像，按照一定的序列和速度连续播放，利用"视觉暂留"现象，在人眼前呈现活动的画面. 每幅图像称为一帧画面. 因此，视频可以看成是由连续变换的多幅图像构成. 播放视频信息，每秒需要传输和处理 25 幅以上的图像. 在计算机系统中，视频信息数字化后所需的存储量相当大，所以需要进行压缩处理. 视频文件通常采用的存储格式包括 AVI 格式（文件后缀名为 .avi）、MPEG 格式（文件后缀名为 .mpg 或 .mpeg）、WMV 格式（文件后缀名为 .wmv）、QuickTime 格式（文件后缀名为 .mov）、RealVideo 格式（文件后缀名为 .rm 或 .ram）、Flash 格式（文件后缀名为 .swf 或 .flv）和 Mpeg-4 格式（文件后缀名为 .mp4）等.

动画和视频都是建立在帧的基础上，但是二者对帧率的要求不同. 帧率是每秒钟播放图像的帧数，表示视频播放的速度. 动画没有任何播放帧率的限制. 对于视频，电影的帧率为 24 帧/秒，PAL 制式视频的帧率为 25 帧/秒，NTSC 制式视频的帧率为 30 帧/秒.

4. 音频信息

音频信息包括语音信息和音乐信息 [161, 162, 165, 166].

音频信息的物理载体是声波，声波的强度是随着时间变化的，利用话筒可将声波转换成电信号. 自然界的声音是一种连续变化的模拟信息，所以由话筒转换得到的电信号为模拟音频信号，可以采用 A/D 转换器对音频信息进行数字化，即对模拟音频信号进行采样、量化和编码后得到由二进制比特表示的数字音频. 采样的时间间隔越小，保存信息就越完整，声音也就越清晰，但是占用的存储空间就会越大. 音频文件通常采用的存储格式包括 mp3 格式、wav 格式、wma 格式和 acc 格式等.

5.2 喷泉码在文本信息传输中的应用与实现

5.2.1 文本信息的信息结构

5.2.1.1 文本信息的数字化

文本信息在计算机系统中的数字化表示方法有 3 种：ASCII 码、汉字国标码 [167] 和 Unicode [168, 169].

1. ASCII 码

西文是由拉丁字母、数字、标点符号及一些特殊符号组成，统称为字符. 所有字符的集合称为字符集. 为了能够在计算机系统中表示和区分每个字符，通常用二进制比特表示字符集中的每一个字符，构成了该字符集的代码表，简称码表.

目前，计算机系统中使用最广泛的西文字符集及其编码是 ASCII 码（American Standard Code for Information Interchange），即美国标准信息交换码. ASCII 码是由美国国家标准学会（American National Standard Institute，ANSI）制定的，用于在计算机系统中表示基于文本的数据. 最初，ASCII 码仅仅是美国用于计算机在相互通信时需要共同遵守的西文字符编码的国家标准，后来，它被国际标准化组织（International Organization for Standardization，ISO）认定为国际标准，即 ISO 646 标准. ASCII 码适用于所有拉丁文字字母，已在全世界通用[170].

标准的 ASCII 码是采用 7 位二进制编码的机内码，因此 ASCII 码可以表示 128 个字符. 由于在计算机存储时，分配的基本存储单元为字节，所以在计算机系统中实际是用一个字节（8 位二进制比特）表示一个字符，最高位用"0"来填充. ASCII 码如表 5.1 所示[171].

ASCII 码是一个基于拉丁语的字符编码方案，适用于英语和部分西欧语言. 由于 ASCII 码采用单字节编码，因此 ASCII 码最多可以表示 256 个字符. 这样 ASCII 码就无法编码表示非拉丁语（如汉语等）中的字符.

2. 汉字国标码

为了方便计算机系统处理汉字，汉字在计算机系统中的输入、存储和输出采用不同的编码方式.

采用标准键盘上各种按键的不同排列组合来实现汉字输入的编码称为汉字输入编码，是用户向计算机系统输入汉字的手段. 目前常用的汉字输入编码分为两类：音码和形码. 音码主要是以汉语拼音为基础的编码方案；形码是根据汉字的特点，把汉字拆分成各种部首然后进行组合.

为了能够在计算机系统内部表示和存储汉字，1980 年国家颁发了《信息交换用汉字编码字符集·基本集》，代号为 GB2312－80. 这是国家规定的用于汉字信息处理使用的编码依据，称为国标码. 国标码使用 2 个字节长度的编码来表示一个汉字. 但是与 ASCII 码的冲突问题使得国标码不能直接用于计算机系统内部来表示汉字，所以需要将国标码转换为能够在计算机系统内可以实际使用的机内码，转换的方式为：机内码＝国标码＋8080H.

为了能够在计算机屏幕和打印纸上显示出汉字，计算机系统采用了汉字字形码，它是汉字字形点阵的代码.

3. Unicode

Unicode 又称统一码，是一种可以容纳全世界所有语言文字字符的计算机字符编码方案. Unicode 为世界上所有语言文字的字符设定一个统一且唯一的二进制编码，在计算机系统中统一地表示世界上目前使用的主要文字的字符. 这样，在计算机系统中只需要一个字符集就可以正确地显示世界上各种语言的字符.

表 5.1 ASCII 码表

序号	二进制	控制字符	序号	二进制	控制字符	序号	二进制	控制字符	序号	二进制	控制字符
1	00000000	NUL	33	00100000	(space)	65	01000000	@	97	01100000	`
2	00000001	SOH	34	00100001	!	66	01000001	A	98	01100001	a
3	00000010	STX	35	00100010	"	67	01000010	B	99	01100010	b
4	00000011	ETX	36	00100011	#	68	01000011	C	100	01100011	c
5	00000100	EOT	37	00100100	$	69	01000100	D	101	01100100	d
6	00000101	ENQ	38	00100101	%	70	01000101	E	102	01100101	e
7	00000110	ACK	39	00100110	&	71	01000110	F	103	01100110	f
8	00000111	BEL	40	00100111	'	72	01000111	G	104	01100111	g
9	00001000	BS	41	00101000	(	73	01001000	H	105	01101000	h
10	00001001	HT	42	00101001	)	74	01001001	I	106	01101001	i
11	00001010	LF	43	00101010	*	75	01001010	J	107	01101010	j
12	00001011	VT	44	00101011	+	76	01001011	K	108	01101011	k
13	00001100	FF	45	00101100	,	77	01001100	L	109	01101100	l
14	00001101	CR	46	00101101	-	78	01001101	M	110	01101101	m
15	00001110	SO	47	00101110	.	79	01001110	N	111	01101110	n
16	00001111	SI	48	00101111	/	80	01001111	O	112	01101111	o
17	00010000	DLE	49	00110000	0	81	01010000	P	113	01110000	p
18	00010001	DC1	50	00110001	1	82	01010001	Q	114	01110001	q
19	00010010	DC2	51	00110010	2	83	01010010	R	115	01110010	r
20	00010011	DC3	52	00110011	3	84	01010011	S	116	01110011	s
21	00010100	DC4	53	00110100	4	85	01010100	T	117	01110100	t
22	00010101	NAK	54	00110101	5	86	01010101	U	118	01110101	u
23	00010110	SYN	55	00110110	6	87	01010110	V	119	01110110	v
24	00010111	ETB	56	00110111	7	88	01010111	W	120	01110111	w
25	00011000	CAN	57	00111000	8	89	01011000	X	121	01111000	x
26	00011001	EM	58	00111001	9	90	01011001	Y	122	01111001	y
27	00011010	SUB	59	00111010	:	91	01011010	Z	123	01111010	z
28	00011011	ESC	60	00111011	;	92	01011011	[	124	01111011	{
29	00011100	FS	61	00111100	<	93	01011100	\	125	01111100	|
30	00011101	GS	62	00111101	=	94	01011101	]	126	01111101	}
31	00011110	RS	63	00111110	>	95	01011110	∧	127	01111110	~
32	00011111	US	64	00111111	?	96	01011111	_	128	01111111	DEL

各种语言文字的字符对应的 Unicode 编码值称为代码点. 而各种语言文字的字符与代码点之间的对应关系称为 Unicode 字符集 UCS（Universal Character Set）. 目前使用较为广泛的 Unicode 编码采用 2 个字节的编码来表示每个字符，理论上可以表示 65536 个字符，这样 Unicode 编码就能基本上覆盖目前世界上各种语言文字的字符，实现在计算机系统中的数字表示. UCS-2 是用 2 个字节来表示代码点. 为了表示更多的文字字符，后面又提出了 UCS-4，即用 4 个字节表示代码点.

UCS-2 和 UCS-4 只规定了代码点与各种语言文字的字符之间的对应关系，并没有规定代码点在计算机系统中如何存储. 规定存储方式的称为 Unicode 转换格式（Unicode Transformation Format，UTF）. UTF 是 Unicode 代码点的实际表示和实现方式，按其基本长度所用位数可分为 UTF-8/16/32，即 Unicode 的 3 种编码形式，允许同一个字符以 1 个字节、2 个字节或 4 个字节的格式来传输.

5.2.1.2　文本信息的信息结构

Unicode 目前普遍采用的是 UCS-2，它用两个字节来编码一个字符. 表 5.2 中给出了 Unicode 编码（十进制）的例子. 从中可以看到，对于 ASCII 码表中的符号，Unicode 编码的结果与 ASCII 码的编码结果相同，都是采用 1 个字节来表示，即用 8 比特对应的十进制数表示一个符号. 但是对于汉字，Unicode 用 2 个字节表示，即用两个 8 比特各自对应的两个十进制数来表示一个汉字.

5.2.2　文本信息的编码方案

由于喷泉码能够将编码的处理基本单元由符号（比特）扩展到数据包，所以根据 Unicode 编码的原理，可以将一个信息符号在 Unicode 编码后的每一个字节视为一个数据包参与喷泉码的编码过程. 这样，ASCII 码表中的符号，其 Unicode 编码结果对应一个数据包，一个汉字的 Unicode 编码结果对应两个数据包. 文本信息的编码方案如下.

（1）输入数据包个数的确定.

根据 Unicode 编码结果，确定参与喷泉码编码的数据包个数. 例如，若输入符号序列为"abc123喷泉码"，进行 Unicode 编码后的结果为"97 98 99 49 50 51 197 231 200 170 194 235"，则确定参与喷泉码编码的数据包个数为 12 个.

（2）喷泉码编码.

若输入数据包个数为 k，对 k 个数据包进行按比特异或运算实现编码，产生 $(1 + \varepsilon_t)k$ 个编码包，其中，ε_t 为编码开销.

表 5.2　Unicode 编码举例

字符	Unicode 编码（十进制）	
喷	197	231
泉	200	170
码	194	235
a	97	
b	98	
c	99	
A	65	
B	66	
C	67	
1	49	
2	50	
3	51	

（3）信道传输和译码.

在经过相应信道传输后，采用喷泉码的译码算法进行译码，由 $(1+\varepsilon_r)k$ 个编码包得到 k 个译码输出数据包，其中，ε_r 为译码开销.

（4）文本信息恢复.

对 k 个译码输出数据包进行 Unicode 译码恢复文本信息.

5.2.3　喷泉码在文本信息传输中的应用与实现

5.2.3.1　基于喷泉码编码的文本信息传输系统的工作流程

基于以上文本信息的编码方案，利用 MATLAB GUI 编写可视化程序，于是得到基于喷泉码编码的文本信息传输系统，如图 5.1 所示.

该系统的工作流程为：

（1）在"发送文本输入"框中输入要发送的文本信息，这样在右侧"发送文本"框中会显示所输入的文本信息.

（2）选择 LT 码编码的度分布，包括鲁棒孤波度分布和固定度分布.

（3）选择传输信道，包括 BEC 信道和 AWGN 信道，并设置相应的参数.

（4）点击"LT 码编码传输"按钮，在"接收文本"框中显示在已设置编码传输条件下所接收的文本信息.

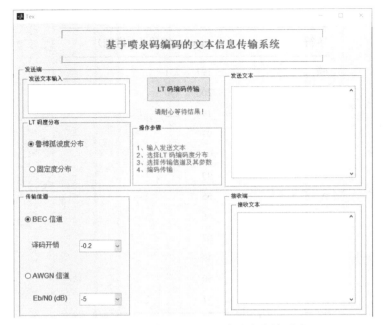

图 5.1　基于喷泉码编码的文本信息传输系统

由于 LT 码编码、译码的随机性，每次点击"LT 码编码传输"按钮后，"接收文本"框中显示的结果可能不相同. 当信道参数设置不同数值时，接收文本信息的准确度不同，参数设置越大，接收文本信息的准确度越高.

5.2.3.2　BEC 下文本信息的编码传输

输入文本信息"abc123喷泉码"，选择"鲁棒孤波度分布""BEC 信道"，参数"译码开销"设置为 0.3，接收到的文本信息如图 5.2 所示.

5.2.3.3　AWGN 信道下文本信息的编码传输

输入文本信息"abc123喷泉码"，选择"固定度分布""AWGN 信道"，参数"E_b/N_0（dB）"设置为 10 dB，接收到的文本信息如图 5.3 所示.

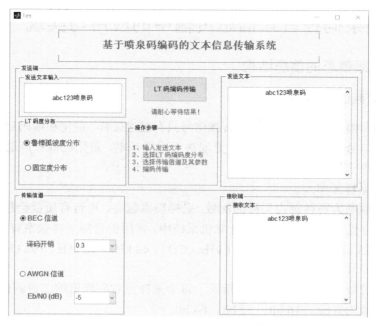

图 5.2 BEC 下文本信息的编码传输

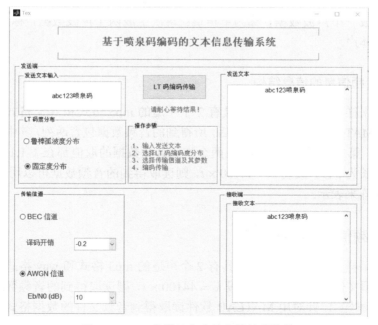

图 5.3 AWGN 信道下文本信息的编码传输

5.3　喷泉码在音频信息传输中的应用与实现

5.3.1　音频信息的信息结构

5.3.1.1　音频信息的数字化

时间和幅度上均连续的模拟音频信号只有经过采样、量化和编码后才能成为数字音频信号. 数字音频信号的质量取决于采样频率、量化位数和声道数 3 个因素 [161,162,165,166].

（1）采样频率.

采样频率为每秒钟内采样的次数. 采样频率越高，声音音质就会越高，但是相应占用存储空间就会越大. 在计算机系统中，常用的音频采样频率有 8 kHz（电话）、11.025 kHz、22.05 kHz、44.1 kHz（CD）、48 kHz、96 kHz、192 kHz 等.

（2）量化位数.

量化位数又称量化精度，是指表示每个采样点对应样值的二进制位数. 常见的量化位数为 8 bit、16 bit、32 bit、64 bit.

（3）声道数.

声音通道的个数称为声道数，是指一次采样所记录产生的声音波形个数. 如果每次生成一个声波数据，称为单声道；每次生成两个声波数据，称为双声道，也称为立体声.

5.3.1.2　音频信息的信息结构

对于采样频率为 44.1 kHz、具有 2 个声道的 mp3 格式和 wav 格式的音频文件，在用 MATLAB 软件读取数据后，所得到的音频数据包含两列，其中第一列对应左声道，第二列对应右声道，且两个声道音频数据的取值都在（-1,1）内. 若音频文件时长为 t 秒，假设 $k = 44100 \times t$，则读取得到的音频数据可以用一个 $k \times 2$ 的二维矩阵来表示.

5.3.2　音频信息的编码方案

对于采样频率为 44.1 kHz、具有 2 个声道的 mp3 格式和 wav 格式的音频文件，若音频文件时长为 t 秒，假设 $k = 44100 \times t$，则读取得到的音频数据为一个 $k \times 2$ 的二维矩 A. 针对用 MATLAB 软件读取得到音频文件的数据格式以及数据特征，采用喷泉码实现音频信息编码传输的方案如下.

（1）对音频数据进行放大处理.

给 $k \times 2$ 二维矩阵 A 中每个元素乘以 10000，尽可能保留音频数据的精度.

（2）对音频数据进行截断.

假设 $m = 1000$，分别将左声道和右声道的音频数据截断为 $n = \lceil k/m \rceil$ 个数据帧，其中 $\lceil x \rceil$ 表示得到大于等于 x 的最小整数.

（3）音频数据矩阵转换.

将 $k \times 2$ 二维矩阵 A 转换为两个 $n \times m$ 矩阵 A_L 和 A_R，分别对应于左声道和右声道音频数据.

（4）喷泉码编码.

将矩阵 A_L 和 A_R 中每行的 m 个元素值视为一个数据包，在采用喷泉码编码时，不同行的同列元素进行按比特异或运算实现编码，产生 $(1 + \varepsilon_t)n \times m$ 的编码矩阵 C_L 和 C_R，其中，ε_t 为编码开销.

（5）信道传输和译码.

在经过相应信道传输后，采用喷泉码的译码算法进行译码，由编码矩阵 C_L 和 C_R 得到两个译码输出矩阵 A'_L 和 A'_R.

（6）音频数据矩阵恢复.

由两个 $n \times m$ 矩阵 A'_L 和 A'_R 合并得到 $k \times 2$ 的音频数据矩阵 A'.

（7）对音频数据进行缩小处理.

给 $k \times 2$ 二维矩阵 A' 中每个元素除以 10000，使得音频数据都在 （-1,1）内取值.

5.3.3　喷泉码在音频信息传输中的应用与实现

基于以上音频信息的编码方案，利用 **MATLAB GUI** 编写可视化程序，于是得到基于喷泉码编码的音频信息传输系统，如图 5.4 所示.

该系统的工作流程为：

（1）在 "发送音频" 选择下拉列表中选择要发送的音频信息，包括榴莲歌（mp3 格式，采样率 44.1 kHz，双声道，每个声道 357744 个音频数据）、我和你（mp3 格式，采样率 48 kHz，双声道，每个声道 338160 个音频数据）、摩尔斯电码（wav 格式，采样率 11.025 kHz，双声道，每个声道 137500 个音频数据）、我的太阳（wav 格式，采样率 44.1 kHz，双声道，每个声道 353664 个音频数据），点击"播放音乐"按钮可以试听所选择的音频.

（2）选择 LT 码的度分布，包括鲁棒孤波度分布和固定度分布.

（3）设置 BEC 参数.

（4）点击 "LT 码编码传输" 按钮，在完成 LT 码编码、译码过程后，点击"播放音乐" 按钮，可以播放听到经过 LT 码编码、译码后的音频信息.

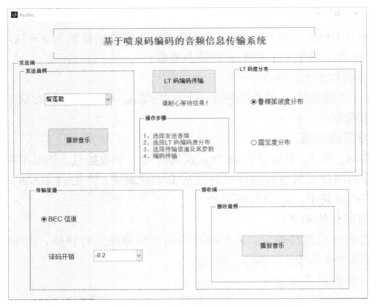

图 5.4　基于喷泉码编码的音频信息传输系统

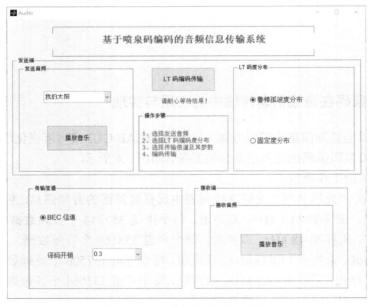

图 5.5　BEC 下音频信息的编码传输

　　选择音频文件"我的太阳",选择"鲁棒孤波度分布""BEC 信道",参数
"译码开销"设置为 0.3,经过编码、译码过程后,点击"播放音乐"按钮就可以

听到接收音频信息，如图 5.5 所示. 当信道参数"译码开销"设置不同数值时，接收音频信息的质量不同，"译码开销"设置越大，接收音频信息的质量越好.

5.4 喷泉码在图像信息传输中的应用与实现

5.4.1 图像信息的信息结构

5.4.1.1 图像信息的数字化

图像的数字化是将模拟图像转换为计算机能够处理的数字图像. 图像的数字化需要经过采样、量化和编码 3 个步骤. 表征数字图像的技术指标主要有图像的分辨率、分色和颜色深度 [159–162].

1. 分辨率

采样是将模拟图像划分为 $M \times N$ 个网格，每个网格就是一个采样点，称为像素. 所以经过采样后，一幅模拟图像就转换为 $M \times N$ 个像素点构成的离散像素点的集合.

一幅图像水平方向上像素点的个数称为图像的水平分辨率，垂直方向上像素点的个数称为图像的垂直分辨率. 水平方向与垂直方向上像素个数的乘积称为图像的分辨率. 分辨率越高，图像越清晰.

2. 分色

将彩色图像的每个像素点用 3 个亮度值来表示，从而将每个像素点的颜色分解成 3 个基色. 对于灰度图像和二值图像，每一个像素点只用1个亮度值来表示.

3. 颜色深度

颜色深度是指表示和存储每个像素点的颜色值所采用的二进制比特位数，用来度量图像的颜色数. 颜色深度通常有 1 位、8 位、16 位和 24 位等. 颜色深度越大、表达的颜色越全，相应的数据量也越大. 颜色深度为1，图像只能有 2 种颜色，即黑色和白色. 颜色深度为 8，图像只能有 256 种颜色. 对于彩色图像，由于每个像素点被分色为 3 个颜色分量，如果每个颜色分量用 8 比特来表示，则每个像素点的颜色深度为 24 位.

5.4.1.2 图像信息的信息结构

计算机系统中有二值图、灰度图和彩色图 3 种类型的图像，如图 5.6 所示. 在计算机系统中表示二值图、灰度图和彩色图的信息结构如下.

1. 二值图

对于二值图，每一个像素点只用一个亮度值来表示，并且颜色深度采用 1 位，

(a) 二值图　　　　　　　(b) 灰度图　　　　　　　(c) 彩色图

图 5.6　3 种类型的图像

即一幅二值图像中每一个像素点的取值仅有 0、1 两种可能. 这样，对于一幅分辨率为 $M \times N$ 的二值图像，可以用一个 $M \times N$ 的二维矩阵来表示，且每个矩阵元素取 0 或 1 两个值，其中，"0" 代表黑色，"1" 代白色.

2. 灰度图

灰度通常是用来表征亮度的量，灰度越高，则亮度越亮. 在灰度图中，每一个像素点只用一个亮度值来表示，并且颜色深度采用 8 位，即一幅灰度图像中每一个像素点亮度的取值范围通常为 [0, 255]，使用 0 ~ 255 这 256 个值来表征不同的灰度层级. 这样，对于一幅分辨率为 $M \times N$ 的灰度图，可以用一个 $M \times N$ 的二维矩阵来表示，且每一个矩阵元素的取值为 [0, 255] 内的整数，其中，"0" 表示纯黑色，"255" 表示纯白色，中间的数字从小到大表示由黑到白的过渡色.

3. 彩色图

在彩色图中，每一个像素点用 3 个亮度值来表示，并且颜色深度采用 24 位，即一幅彩色图像中每一个像素点的亮度由 3 个取值范围为 [0, 255] 的亮度值共同表示. 这样，一幅彩色图像可以看成是由 3 幅灰度图堆叠而成. 对于一幅分辨率为 $M \times N$ 的彩色图，可以用一个 $M \times N$ 的二维矩阵来表示，且每一个矩阵元素是在 [0, 255] 内取整数值的三元组. 由于在自然界中肉眼所能看到的任何色彩都可以由红（R）、绿（G）、蓝（B）三原色混合叠加而成，所以可以让彩色图像中每个像素点的 3 个灰度值分别对应于 R、G、B 3 个颜色分量，从而用 R、G、B 三原色的组合来表示每个像素的颜色. 因此将这种图像称为 RGB 彩色图像. 一幅 RGB 彩色图像可以分成 3 个分别包含 R 分量、G 分量和 B 分量的分量矩阵.

5.4.2　图像信息的编码方案

对于一幅分辨率为 $M \times N$ 的图像，包括二值图、灰度图和 RGB 彩色图，其对应的二维矩阵是一个 $M \times N$ 的矩阵 A，即有 M 行和 N 列.

5.4.2.1　二值图和灰度图的编码方案

对于二值图和灰度图，每个像素点只有 1 个亮度值，其编码方案为：

（1）数据包的划分.

将 $M \times N$ 二维矩阵 A 中每行的 N 个元素值视为一个数据包，这样共有 M 个数据包参与编码.

（2）喷泉码编码.

在采用喷泉码编码时，不同行的同列元素进行按比特异或运算实现编码，产生 $(1 + \varepsilon_t)M \times N$ 的编码矩阵 C，其中，ε_t 为编码开销.

（3）信道传输和译码.

在经过相应信道传输后，采用喷泉码的译码算法进行译码，由编码矩阵 C 得到 $M \times N$ 译码输出矩阵 A'.

5.4.2.2　RGB 彩色图的编码方案

对于 RGB 彩色图，每个像素点有 3 个亮度值，每个矩阵元素是一个包含 R、G、B 分量的三元组，其编码方案为：

（1）分色.

将一幅彩色图像的二维矩阵 A 分解为 3 个 $M \times N$ 的分量矩阵，即 R 分量矩阵 A_R、G 分量矩阵 A_G 和 B 分量矩阵 A_B.

（2）喷泉码编码.

按照灰度图的编码方案分别对 3 个分量矩阵进行喷泉码编码，产生 3 个 $(1 + \varepsilon_t)M \times N$ 的编码矩阵 C_R、C_G 和 C_B，其中，ε_t 为编码开销.

（3）信道传输和译码.

在经过相应信道传输后，采用喷泉码的译码算法进行译码，由编码矩阵 C_R、C_G 和 C_B 得到 3 个 $M \times N$ 译码输出矩阵 A'_R、A'_G 和 A'_B.

（4）RGB 彩色图矩阵恢复.

将 3 个分量矩阵 A'_R、A'_G 和 A'_B 组合为一个 $M \times N$ 的二维矩阵 A'，其中每个元素是包含 R、G、B 分量的三元组.

5.4.3　喷泉码在图像信息传输中的应用与实现

基于以上图像信息的编码方案，利用 MATLAB GUI 编写可视化程序，于是得到基于喷泉码编码的图像信息传输系统，如图 5.7 所示.

该系统的工作流程为：

（1）在"发送图像"选择下拉列表中选择要发送的图像信息，包括灰度图 lena（bmp 格式，分辨率为 512×512）、灰度图 camera（bmp 格式，分辨率为 256

图 5.7   基于喷泉码编码的图像信息传输系统

$\times 256$）、灰度图 baboon（bmp 格式，分辨率为 512×512）、灰度图 barbara（bmp 格式，分辨率为 580×720）、彩色图 lena（jpg 格式，分辨率为 512×512）、彩色图 baboon（jpg 格式，分辨率为 512×512）和彩色图 airplane（jpg 格式，分辨率为 512×512），选择后会在发送端的"发送图像"框中显示所选择的发送图像.

（2）选择 LT 码编码的度分布，包括鲁棒孤波度分布和固定度分布.

（3）选择传输信道，包括 BEC 信道和 AWGN 信道，并设置相应的参数.

（4）点击"LT 码编码传输"按钮，在完成 LT 码编码、译码过程后，在接收端"接收图像"框中会显示出在所选择信道及其参数条件下经过 LT 编码、译码后接收的图像信息，并会显示接收图像的均方误差（MSE）及 PSNR 值.

由于 LT 码编、译码的随机性，每次点击"LT 码编码传输"按钮后，接收端"接收图像"框中显示的结果可能不相同. 当信道参数设置不同数值时，接收图像信息的质量不同，参数设置越大，接收图像信息的质量越好.

5.4.3.1   BEC 下图像信息的编码传输

选择"彩色图 baboon""固定度分布""BEC 信道"，参数"译码开销"设置为 0.1 条件下，经过编码、译码过程后，接收到的图像信息如图 5.8 所示.

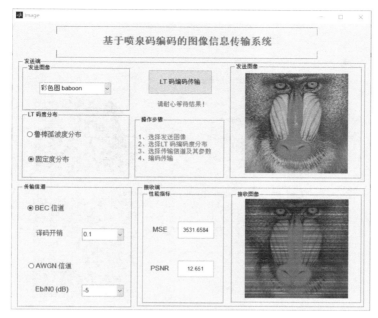

图 5.8 BEC 下图像信息的编码传输

5.4.3.2 AWGN 信道下图像信息的编码传输

选择"灰度图 camera""鲁棒孤波度分布""AWGN 信道",参数"E_b/N_0（dB）"设置为 1 dB 条件下，经过编码、译码过程后，接收到的图像信息如图 5.9 所示.

5.5 喷泉码在视频信息传输中的应用与实现

5.5.1 视频信息的信息结构

5.5.1.1 视频信息的数字化

数字视频获取的方式有两种：一种是采用数码摄像机拍摄景物，从而直接得到数字视频；另一种是将模拟视频通过视频采集卡转换为数字视频. 数字视频的数据量很大，在存储和传输过程中必须进行压缩处理. 表征数字视频的技术指标主要有视频的分辨率、颜色深度和帧率 [161–164].

（1）分辨率. 分辨率是指数字视频的每一帧画面的像素数，即水平像素点数 × 垂直像素点数.

（2）颜色深度. 颜色深度是指数字视频一帧中表示每个像素点的二进制比特位数.

图 5.9　AWGN 信道下图像信息的编码传输

（3）帧率. 帧率是指每秒钟播放的帧数. 通常电影的帧率为 24 帧/秒，电视的帧率为 25 帧/秒.

5.5.1.2　视频信息的信息结构

视频本质上是一组内容随着时间连续变化的渐变图像序列. 每一幅静态图像称为一帧，是组成视频的最小视觉单位. 将时间上连续的帧序列通过快速播放便形成动态视频.

对于一幅静态彩色图像（视频的一帧），常见的记录格式有 RGB、YUV、CMYK 等 [161–164]. 与 RGB 类似，YUV（也称YCbCr）是一种图像和视频的编码方式，主要用于视频领域. RGB 通过 R、G、B 三原色的组合来表达现实世界中的各种颜色，与之不同的是，YUV 则通过亮度与色度饱和度来表示颜色，主要用于优化电视系统中彩色视频信号的传输. YUV 将亮度信息（Y）与色彩信息（UV）分离，没有 UV 信息仍然可以显示完整的图像，只不过显示的是黑白图像，从而解决了彩色电视与黑白电视的兼容问题.

YUV 分为 3 个分量，其中"Y"表示明亮度，也就是灰阶值；"U"和"V"表示色度，作用是描述彩色图像的色彩及饱和度，用于指定像素点的颜色. 亮度是一个像素点的基础信号，色度定义了像素点颜色的两方面，即色调和饱和度，分别用 Cr 和 Cb 来表示，其中 C 代表颜色（color），b 代表蓝色（blue），r 代表红色

（red）. Cr 反映了 RGB 输入信号红色部分与 RGB 信号亮度值之间的差异，而 Cb 反映的是 RGB 输入信号蓝色部分与 RGB 信号亮度值之间的差异. 因此，YUV 格式可以通过 RGB 格式来建立：首先通过彩色摄像机实现取像，然后把取得的彩色图像信号经过分色和放大校正后得到 RGB，再经过矩阵变换得到亮度信号 Y 和两个色差信号 B-Y（U）、R-Y（V），最后将亮度和色差三个信号分别编码，用同一信道发送出去. 这种色彩的表示方法称为 YUV 色彩空间表示. 与 RGB 视频信号传输相比，YUV 的最大的优点在是只需占用 RGB 一半的带宽. 因此，视频数据的保存和传输基本上都是采用 YUV 数据格式，主要是为了降低数据大小. YUV 主要的采样格式包括 YUV 420、YUV 422 和 YUV 444，其中 YUV 420 是最常用的采样格式.

5.5.2 视频信息的编码方案

由于视频本质上是一组内容随着时间连续变化的渐变图像序列，因此只要实现每一帧图像信息的编码传输，也就实现了整个视频信息的编码传输. 鉴于此，5.4.2 节中采用喷泉码实现图像信息编码传输的方案可以作为视频每一帧的编码传输方案，从而可以实现喷泉码对视频信息的编码传输. YUV 格式视频的编码方案如下：

（1）读取一帧图像. 读取 YUV 格式视频的一帧图像.

（2）格式转换. 将一帧 YUV 格式的图像转换为 RGB 格式的图像.

（3）RGB 图像的喷泉码编译码. 采用 5.4.2 节中 RGB 彩色图像的编码方案实现一帧图像的喷泉码编译码.

（4）显示一帧图像. 显示译码恢复的一帧图像.

（5）继续执行步骤（1）～（4）.

5.5.3 喷泉码在视频信息传输中的应用与实现

基于以上视频信息的编码方案，利用 MATLAB GUI 编写可视化程序，于是得到基于喷泉码编码的视频信息传输系统，如图 5.10 所示.

该系统的工作流程为：

（1）在"发送视频"下拉列表中选择要发送的图视频信息，包括 stefan（YUV 格式，采样格式为 YUV 420，分辨率为 352×288，90 帧）和 foreman（YUV 格式，采样格式为 YUV 420，分辨率为 352×288，300 帧），选择后会在发送端的"发送视频"框中播放所选择的视频信息.

（2）选择 LT 码编码的度分布，包括鲁棒孤波度分布和固定度分布.

（3）设置 BEC 信道参数.

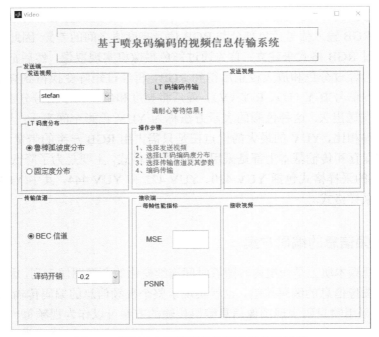

图 5.10　基于喷泉码编码的视频信息传输系统

（4）点击"LT 码编码传输"按钮，在完成 LT 码编码、译码过程后，在接收端"接收视频"框中会播放在所选择信道及其参数条件下经过 LT 编码、译码后接收的视频信息，并会显示每帧接收图像的均方误差及 PSNR 值.

选择视频文件"foreman"，选择"鲁棒孤波度分布""BEC 信道"，参数"译码开销"设置为 0.3，经过编码、译码过程后，接收的视频信息如图 5.11 所示. 由于 LT 码编码、译码的随机性，"接收视频"框中显示的视频质量可能会发生随机变化. 当信道参数"译码开销"设置不同数值时，接收视频信息的质量不同，"译码开销"设置越大，接收视频信息的质量越好.

5.6　喷泉码在实时视频信息传输中的应用与实现

5.6.1　实时视频信息的编码方案

对于摄像头采集的 RGB 格式的实时视频，其编码方案为：

（1）采集一帧实时视频图像.

采集的一帧实时视频图像为 RGB 格式.

（2）RGB 图像的喷泉码编译码.

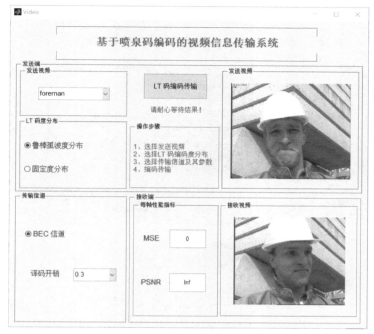

图 5.11 BEC 下视频信息的编码传输

采用 5.4.2 节中 RGB 彩色图像的编码方案实现一帧图像的喷泉码编译码.

（3）显示一帧图像.

显示译码恢复的一帧图像.

（4）继续执行步骤（1）～（3）.

5.6.2 喷泉码在实时视频信息传输中的应用与实现

基于以上实时视频信息的编码方案，利用 MATLAB GUI 编写可视化程序，于是得到基于喷泉码编码的实时视频信息传输系统，如图 5.12 所示.

该系统的工作流程为：

（1）选择 LT 码编码的度分布，包括鲁棒孤波度分布和固定度分布.

（2）设置 BEC 信道参数.

（3）点击"LT 码编码传输"按钮，电脑摄像头被打开，这样在发送端"发送实时视频"框中会实时显示电脑摄像头实时拍摄的视频，在完成 LT 码编码、译码过程后，在接收端"接收实时视频"框中会实时显示在所选择信道及其参数条件下经过 LT 编码、译码后接收的视频信息，并会显示接收实时视频的每帧接收图像的均方误差（MSE）及 PSNR 值.

图 5.12　基于喷泉码编码的实时视频信息传输系统

　　由于 LT 码编码、译码的随机性，在点击"LT 码编码传输"按钮后，"接收实时视频"框中显示的实时视频质量可能会发生随机变化. 当信道参数设置不同数值时，接收实时视频信息的质量不同，参数设置越大，接收实时视频信息的质量越好.

　　选择"鲁棒孤波度分布""BEC 信道"，参数"译码开销"设置为 0.3，经过编码、译码过程后，接收的实时视频信息如图 5.13 所示. 当信道参数"译码开销"设置不同数值时，接收音频信息的质量不同，"译码开销"设置越大，接收音频信息的质量越好.

5.7　本章小结

　　本节首先对多媒体信息的概念、表示方法和特点进行介绍；然后对各种多媒体信息包括文本信息、音频信息、图像信息和视频信息的数字化方法及信息结构进行了研究，并在此基础上，研究了采用喷泉码实现各种多媒体信息编码传输的方案；最后采用 MATLAB GUI 进行可视化编码，实现了基于喷泉码编码的多媒体传输系统，包括基于喷泉码编码的文本信息传输系统、基于喷泉码编码的音频

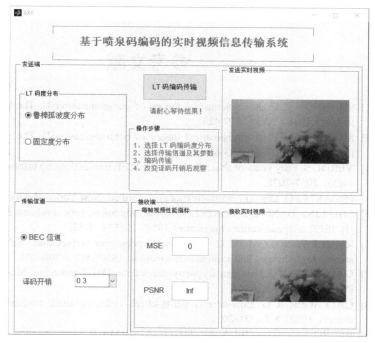

图 5.13 BEC 下实时视频信息的编码传输

信息传输系统、基于喷泉码编码的图像信息传输系统、基于喷泉码编码的视频信息传输系统和基于喷泉码编码的实时视频信息传输系统.

参考文献

[1] SHANNON C E. A mathematical theory of communication[J]. The bell system technical journal, 1948, 27(3): 379-423.

[2] SHANNON C E. A mathematical theory of communication[J]. The bell system technical journal, 1948, 27(4): 623-656.

[3] VERDU S. Fifty years of shannon theory[J]. IEEE transactions on information theory, 1998, 44(6): 2057-2078.

[4] PROAKIS J G. Digital communications[M]. 3rd ed. New York: McGraw-Hill, 1995.

[5] SHU LIN, DANIEL J. COSTELLO, et al. Automatic-repeat-request error control schemes [J]. IEEE communications magazine, 1984, 22(12): 5-17.

[6] REED I S, SOLOMOM G. Polynomial codes over certain finite fields[J]. Journal of the society for industrial and applied mathematics, 1960, 8(2): 300-304.

[7] GALLAGER R G. Low-density parity-check codes[M]. Cambridge, Massachusett: The M.I.T Press, 1960.

[8] GALLAGER R G. Low-density parity-check codes[J]. IEEE transactions on information theory, 1962, 8(1): 21-28.

[9] BERROU C, GLAVIEUX A, THITIMAJSHIMA P. Near Shannon limit error-correcting coding and decoding: Turbo-codes[C]//Proceedings of ICC'93 - IEEE international conference on communications, 1993, 2: 1064-1070.

[10] BERROU C, GLAVIEUX A. Near optimum error correcting coding and decoding: turbo-codes. IEEE transactions on communications[J]. 1996, 44(10): 1261-1271.

[11] BYERS J W, LUBY M, MITZENMACHER M, et al. A digital fountain approach to reliable distribution of bulk data[C]//Acm sigcomm computer communication review, 1998, 28(4): 56-67.

[12] MACKAY D J C. Fountain codes[J]. IEE proceedings-communications, 2005, 152(6): 1062-1068.

[13] BYERS J W, LUBY M, MITZENMACHER M. A digital fountain approach to asynchronous reliable multicast[J]. IEEE journal on selected areas in communications, 2002, 20(8): 1528-1540.

[14] ETSI EN 302 304-2004 v1.1.1. Digital video broadcasting (DVB): transmission system for handheld terminals (DVB-H)[S]. France: European telecommunications standards institute IX-ETSI, 2004.

[15] 3GPP TS 26.346. Technical specification group services and system aspects: multimedia broadcast/multicast service (MBMS); protocols and codecs[S]. France: 3GPP, 2006.

[16] TAUBMAN D, MARCELLIN M. JPEG 2000 image compression fundamentals, standards and practice[M]. Berlin: Springer Science & Business Media, 2001.

[17] WIEGAND T, SULLIVAN G J, BJONTEGAARD G, et al. Overview of the H.264/AVC video coding standard[J]. IEEE transactions on circuits and systems for video technology, 2003, 13(7): 560-576.

[18] SCHWARZ H, MARPE D, WIEGAND T. Overview of the scalable video coding extension of the H.264/AVC standard[J]. IEEE transactions on circuits and systems for video technology, 2007, 17(9): 1103-1120.

[19] SULLIVAN G J, OHM J R, HAN W J, et al. Overview of the high efficiency video coding (HEVC) standard[J]. IEEE transactions on circuits and systems for video technology, 2012, 22 (12): 1649-1668.

[20] BATALLA J M. Advanced multimedia service provisioning based on efficient interoperability of adaptive streaming protocol and high efficient video coding[J]. Journal of real-time image processing, 2016, 12(2): 443-454.

[21] RAHNAVARD N, VELLAMBI B N, FEKRI F. Rateless codes with unequal error protection property[J]. IEEE transactions on information theory, 2007, 53(4): 1521-1532.

[22] LUBY M. LT codes[C]//43rd symposium on foundations of computer science (FOCS 2002), Vancouver, BC, Canada, Proceedings. IEEE, 2002: 271-280.

[23] SHOKROLLAHI A. Raptor codes[J]. IEEE transactions on information theory, 2006, 52(6): 2551-2567.

[24] PALANKI R, YEDIDIA J S. Rateless codes on noisy channels[C]//International symposium on information theory, 2004. ISIT 2004. Proceedings, 2004: 37.

[25] ETESAMI O, SHOKROLLAHI A. Raptor codes on binary memoryless symmetric channels[J]. IEEE transactions on information theory, 2006, 52(5): 2033-2051.

[26] CASTURA J, MAO Y. Rateless coding over fading channels[J]. IEEE communications letters, 2006, 10(1): 46-48.

[27] SIVASUBRAMANIAN B, LEIB H. Fixed-rate Raptor codes over Rician fading channels[J]. IEEE transactions on vehicular technology, 2008, 57(6): 3905-3911.

[28] CASTURA J, MAO Y. Rateless coding for wireless relay channels[J]. IEEE transactions on wireless communications, 2007, 6(5): 1638-1642.

[29] GUMMADI R, SREENIVAS R S. Relaying a fountain code across multiple nodes[C]//IEEE information theory workshop, 2008. ITW' 08, 2008: 149-153.

[30] HUSSAIN I, XIAO M, RASMUSSEN L K. Error floor analysis of LT codes over the additive white Gaussian noise channel[C]//Proceedings of the global communications conference, GLOBECOM 2011, 5-9 December 2011, Houston, Texas, USA. IEEE, 2011: 1-5.

[31] SORENSEN J H, KOIKE-AKINO T, ORLIK P, et al. Ripple design of LT codes for BIAWGN channels[J]. IEEE transactions on communications, 2014, 62(2): 434-441.

[32] TIAN SHUANG, Li YONGHUI, SHIRVANIMOGHADDAM M, et al. A physicallayer rateless code for wireless channels[J]. IEEE transactions on communications, 2013, 61(6): 2117-2127.

[33] VENKIAH A, POULLIAT C, DECLERCQ D. Jointly decoded Raptor codes: Analysis and design for the BIAWGN channel[J]. EURASIP journal on wireless communications and networking, 2009(1): 657970.

[34] CHENG Z, CASTURA J, MAO Y. On the design of Raptor codes for binary input Gaussian channels[J]. IEEE transactions on communications, 2009, 57(11): 3269-3277.

[35] MOLISCH A, MEHTA N, YEDIDIA J, et al. Performance of fountain codes in collaborative relay networks[J]. IEEE transactions on wireless communications, 2007, 6(11): 4108-4119.

[36] MOLISCH A, MEHTA N, YEDIDIA J, et al. WLC41-6: cooperative relay networks using fountain codes[C]//IEEE global telecommunications conference, 2006. GLOBECOM' 06, 2006: 1-6.

[37] YAO W, CHEN L, LI H, et al. Research on fountain codes in deep space communication[C]// Congress on image and signal processing. IEEE, 2008. CISP' 08., 2008, 2: 219-224.

[38] ZHU H, LI G, XIE Z. Advanced LT codes in satellite data broadcasting system[C]// IEEE singapore international conference on communication systems. IEEE, 2008. ICCS 2008, 2008: 1431-1435.

[39] OKA A，LAMPE L. Data extraction from wireless sensor networks using fountain codes[C]//2nd IEEE international workshop on computational advances in multi-sensor adaptive processing，2007. CAMPSAP 2007，2007：229-232.

[40] SHANECHI M M，EREZ U，WORNELL G W. Rateless codes for MIMO channels[C]//IEEE global telecommunications conference，2008. IEEE GLOBECOM 2008.，2008：1-5.

[41] DENG KEYAN，YUAN LEI，WAN YI, et al. Optimized cross-layer transmission for scalable video over DVB-H networks[J]. Signal processing: image communication，2018，63(9)：81-91.

[42] FENG L，HU R Q，WANG J，et al. Fountain code-based error control scheme for dimmable visible light communication systems[J]. Optics communications，2015，347：20-24.

[43] DENG KEYAN，YUAN LEI，WAN YI，et al. Unequal error control scheme for dimmable visible light communication systems[J]. Optics communications，2017，383：518-524.

[44] ZHU H，ZHANG G，LI G. A novel degree distribution algorithm of LT codes[C]//11th IEEE international conference on communication technology，2008. ICCT 2008，2008：221-224.

[45] BODINE E A，CHENG M K. Characterization of Luby transform codes with small message size for low-latency decoding[C]//IEEE international conference on communications，2008. ICC'08，2008：1195-1199.

[46] HYYTIA E，TIRRONEN T，VIRTAMO J. Optimal degree distribution for LT codes with small message length[C]//26th IEEE international conference on computer communications. IEEE，2007 INFOCOM.，2007：2576-2580.

[47] CHEN C M，CHEN Y P，SHEN T C，et al. Optimizing degree distributions in LT codes by using the multiobjective evolutionary algorithm based on decomposition[C]//IEEE congress on evolutionary computation (CEC)，2010：1-8.

[48] YUE J，LIN Z，VUCETIC B，et al. The design of degree distribution for distributed fountain codes in wireless sensor networks[C]//IEEE international conference on communications (ICC)，2014：5796-5801.

[49] XU J，GUO D，LU L，et al. The optimized design of degree distribution of fountain codes in DTN with relays[C]//2016 IEEE information technology, networking, electronic and automation control conference (ITNEC 2016)，2016：1130-1134.

[50] SHOKROLLAHI M A，LASSEN S，KARP R. Systems and processes for decoding chain reaction codes through inactivation：US 6856263[P]. 2005-02-15.

[51] ELIAS P. Coding for two noisy channels[C]//Information theory，third London symposium，volume 67. London，England，1955.

[52] KIM S，KO K，CHUANG S Y. Incremental Gaussian elimination decoding of raptor codes over BEC[J]. IEEE communications letters，2008，12(4)：307-309.

[53] BIOGLIO V，GRANGETTO M，GAETA R，et al. On the fly Gaussian elimination for LT codes[J]. IEEE communications letters，2009，13(12)：953-955.

[54] 朱宏鹏，李广侠，冯少栋. LT 码的 BPML 译码算法[J]. 计算机科学，2009，36(10)：77-81.

[55] 朱宏杰，裴玉奎，陆建华.一种提高喷泉码译码成功率的算法[J]. 清华大学学报（自然科学版），2010，4：609-612.

[56] 袁磊，安建平，杨静，等.LT 码的一种 BPML 混合译码算法[J]. 高技术通讯，2011，21(1)：54-57.

[57] JENKAC H，MAYER T，STOCKHAMMER T，et al. Soft decoding of LT-codes for wireless broadcast[C]//Proceedings of IST mobile summit 2005，2005.

[58] MA Y，YUAN D，ZHANG H. Fountain codes and applications to reliable wireless broadcast system[C]//IEEE information theory workshop，2006. ITW'06 Chengdu，2006：66-70.

[59] NGUYEN T D，YANG L L，HANZO L. Systematic Luby transform codes and their soft decoding[C]//IEEE workshop on signal processing systems，2007：67-72.

[60] KSCHISCHANG F R，FREY B J，LOELIGER H A. Factor graphs and the sum-product algorithm[J]. IEEE transactions on information theory，2001，47(2)：498-519.

[61] WIBERG N. Codes and decoding on general graphs[D]. Sweden：Linköping University，1996.

[62] FOSSORIER M P C，MIHALJEVIC M，IMAI H. Reduced complexity iterative decoding of low-density parity check codes based on belief propagation[J]. IEEE transactions on communications，1999，47(5)：673-680.

[63] ANASTASOPOULOS A. A comparison between the sum-product and the minsum iterative detection algorithms based on density evolution[C]//IEEE global telecommunications conference，2001. GLOBECOM' 01，2001，2：1021-1025.

[64] CHEN J，FOSSORIER M P C. Near optimum universal belief propagation based decoding of low-density parity check codes[J]. IEEE transactions on communications，2002，50(3)：406-414.

[65] SAID A，PEARLMAN W A. A new，fast，and efficient image codec based on set partitioning in hierarchical trees[J]. IEEE transactions on circuits and systems for video technology，1996，6(3)：243-250.

[66] SIKORA T. MPEG digital video-coding standards[J]. IEEE signal processing magazine，1997，14(5)：82-100.

[67] RAHNAVARD N，FEKRI F. Finite-length unequal error protection rateless codes: design and analysis[C]//IEEE global telecommunications conference，IEEE，2005. GLOBECOM' 05，2005，3：5.

[68] RAHNAVARD N，FEKRI F. Generalization of rateless codes for unequal error protection and recovery time: Asymptotic analysis[C]//IEEE international symposium on information theory，2006：523-527.

[69] SEJDINOVIC D，VUKOBRATOVIC D，DOUFEXI A，et al. Expanding window fountain codes for unequal error protection[C]//Asilomar conference on signals，systems and computers，IEEE，2007：1020-1024.

[70] SEJDINOVIC D，VUKOBRATOVIC D，DOUFEXI A，et al. Expanding window fountain codes for unequal error protection[J]. IEEE transactions on communications，2009，57(9)：2510-2516.

[71] VUKOBRATOVIC D，STANKOVIC V，SEJDINOVIC D，et al. Scalable video multicast using expanding window fountain codes[J]. IEEE transactions on multimedia，2009，11(6)：1094-1104.

[72] BOGINO M C O，CATALDI P，GRANGETTO M，et al. Sliding-window digital fountain codes for streaming of multimedia contents[C]//2007 IEEE international symposium on circuits and systems (ISCAS)，New Orleans，LA，USA，2007：3467-3470.

[73] CATALDI P，GRANGETTO M，TILLO T，et al. Sliding-window Raptor codes for efficient scalable wireless video broadcasting with unequal loss protection[J]. IEEE transactions on image processing，2010，19(6)：1491-1503.

[74] YUAN L，AN J. Design of UEP-Raptor codes over BEC[J]. Transactions on emerging telecommunications technologies，2010，21(1)：30-34.

[75] AHMAD S，HAMZAOUI R，AL-AKAIDI M M. Unequal error protection using LT codes and block duplication[C]//9th middle eastern simulation multiconference：MESM 2008，Amman，Jordan. Ghent：EUROSIS，2008.

[76] AHMAD S，HAMZAOUI R，AL-AKAIDI M M. Unequal error protection using fountain codes with applications to video communication[J]. IEEE transactions on multimedia，2011，13(1)：92-101.

[77] NI C，HOU C，XIANG W. A novel UEP scheme based upon rateless codes[C]//2012 IEEE wireless communications and networking conference (WCNC)，Paris，France，2012：592-596.

[78] Hsiao H F，Ciou Y J. Layer-aligned multipriority rateless codes for layered video streaming [J]. IEEE transactions on circuits and systems for video technology，2014，24(8)：1395-1404.

[79] YUAN L，LI H，WAN Y. A novel UEP fountain coding scheme for scalable multimedia transmission[J]. IEEE transactions on multimedia，2016，18(7)：1389-1400.

[80] YUE J，LIN Z，VUCETIC B. Distributed fountain codes with adaptiveunequal error protection in wireless relay networks[J]. IEEE transactions on wireless communications，2014，13(8)：4220-4231.

[81] BAIK J，SUH Y，RAHNAVARD N，et al. Generalized unequal error protection rateless codes for distributed wireless relay networks[J]. IEEE transactions on communications，2015，63(12)：4639-4650.

[82] LUBY M G，MITZENMACHER M，SHOKROLLAHI M A. Analysis of random processes via And-Or tree evaluation[C]//Acm-siam symposium on discrete algorithms. Society for industrial and applied mathematics，1998：364-373.

[83] SEJDINOVIC D，PIECHOCHI R J，DOUFEXI A. AND-OR tree analysis of distributed LT codes[C]//2009 IEEE information theory workshop on networking and information theory，2009：261-265.

[84] BRINK S T. Convergence of iterative decoding[J]. Electronics Letters，1999，35(13)：1117-1119.

[85] BRINK S T. Designing iterative decoding schemes with the extrinsic information chart[J]. AEU - International Journal of Electronics and Communications，2000，54(6)：389-398.

[86] BRINK S T. Convergence behavior of iteratively decoded parallel concatenated codes[J]. IEEE transactions on communications，2001，49(10)：1727-1737.

[87] ASHIKHMIN A，KRAMER G，BRINK S T. Extrinsic information transfer functions: a model and two properties[C]//Conference on information sciences and systems，2002.

[88] BRINK S T，KRAMER G. Design of repeat-accumulate codes for iterative detection and decoding[J]. IEEE transactions on signal processing，2003，51(11)：2764-2772.

[89] BRINK S T，KRAMER G，ASHIKHMIN A. Design of low-density parity-check codes for modulation and detection[J]. IEEE transactions on communications，2004，52(4)：670-678.

[90] ASHIKHMIN A，KRAMER G，BRINK S T. Extrinsic information transfer functions: model and erasure channel properties[J]. IEEE transactions on information theory，2004，50(11)：2657-2673.

[91] YUAN L，LI J，WAN Y. Design of expanding window fountain codes with unequal power allocation over BIAWGN channels[J]. IET communications，2016，10(14)：1786-1794.

[92] SANGHAVI S. Intermediate performance of rateless codes[C]//2007 Information theory workshop，2007. ITW ' 07. IEEE，2007：478-482.

[93] TALARI A，RAHNAVARD N. On the intermediate symbol recovery rate of rateless codes[J]. IEEE transactions on communications，2012，60(5)：1237-1242.

[94] HAGEDORN A，AGARWAL S，STAROBINSKI D，et al. Rateless coding with feedback[C]// IEEE international conference on computer communications. IEEE，2009：1791-1799.

[95] ZHANG L，LIAO J，WANG J，et al. Design of improved Luby transform codes with decreasing ripple size and feedback[J]. IET communications，2014，8(8)：1409-1416.

[96] SØRENSEN J H, POPOVSKI P, OSTERGAARD J. Feedback in LT codes for prioritized and non-prioritized data[C]//Vehicular technology conference (VTC Fall), 2012: 1-5.

[97] SORENSEN J H, POPOVSKI P, OSTERGAARD J. UEP LT codes with intermediate feedback[J]. IEEE communications letters, 2013, 17(8): 1636-1639.

[98] YUAN L, LI H, WAN Y. Performance analysis of EWF codes with intermediate feedback[C]// IEEE international conference on acoustics, speech and signal processing, 2016: 3866-3870.

[99] DENG K, YUAN L, WAN Y, et al. Expanding window fountain codes with intermediate feedback over BIAWGN channels[J]. IET communications, 2018, 12(8): 914-921.

[100] 樊昌信, 曹丽娜. 通信原理[M]. 7 版. 北京: 国防工业出版社, 2020.

[101] 袁东风, 张海刚, 等. LDPC 码理论与应用[M]. 北京: 人民邮电出版社, 2008.

[102] 傅祖芸, 赵建中. 信息论与编码[M]. 北京: 电子工业出版社, 2006.

[103] LUN D S, MÉDARD M, KOETTER R, et al. On coding for reliable communication over packet networks[J]. Physical communication, 2008, 1(1): 3-20.

[104] VUKOBRATOVIĆ D, STANKOVIĆ V. Unequal error protection random linear coding strategies for erasure channels[J]. IEEE transactions on communications, 2012, 60(5): 1243-1252.

[105] NAZIR S, STANKOVIĆ V, VUKOBRATOVIĆ D. Scalable broadcasting of sliced H.264 /AVC over DVB-H network[C]//2011 17th IEEE international conference on networks, 2011: 36-40.

[106] VUKOBRATOVIĆ D, STANKOVIĆ V. Multi-user video streaming using unequal error protection network coding in wireless networks[J]. EURASIP journal on wireless communications and networking, 2012(1): 1-13.

[107] LUBY M, MITZENMACHER M, SHOKROLLAHI A M, et al. Practical loss-resilient codes[J]. Proceedings of annual acm symposium on theory of computing stoc, 1997: 150-159.

[108] TANNER R M. A recursive approach to low complexity codes[J]. IEEE transactions on information theory, 1981, 27(5): 533-547.

[109] LUBY M, MITZENMACHER M. Verification-based decoding for packet-based low density parity-check codes[J]. IEEE transactions on information theory, 2005, 51(1): 120-127.

[110] FORNEY G D J. Codes on graphs: normal realizations[J]. IEEE transactions on information theory, 2001, 47(2): 520-548.

[111] MCELIECE R J. Are Turbo-like codes effective on nonstandard channels?[J]. IEEE information theory society newsletter, 2001, 51(4): 1-8.

[112] MACKAY D J C, NEAL R M. Near shannon limit performance of low density parity check codes[J]. Electronics letters, 1997, 33(6): 457-458.

[113] MACKAY D J C. Good error-correcting codes based on very sparse matrices[J]. IEEE transactions on information theory, 1999, 45(2): 399-431.

[114] HUSSAIN I, Xiao M, RASMUSSEN L K. Design of spatially-coupled rateless codes[C]//IEEE international symposium on personal indoor and mobile radio communications, 2012: 1913-1918.

[115] HUSSAIN I, Xiao M, RASMUSSEN L K. Unequal error protection of LT codes over noisy channels[C]//Communication technologies workshop, IEEE. 2012: 19-24.

[116] HUSSAIN I, Xiao M, RASMUSSEN L K. Design of LT codes with equal and unequal erasure protection over binary erasure channels[J]. IEEE communications letters, 2013, 17(2): 261-264.

[117] HUSSAIN I, Xiao M, RASMUSSEN L K. Reduced-complexity decoding of LT codes over noisy channels[C]//Wireless communications and networking conference, 2013: 3856-3860.

[118] HUSSAIN I，Xiao M，RASMUSSEN L K. Rateless codes for the multiway relay channel[J]. IEEE wireless communications letters，2014，3(5)：457-460.

[119] HUSSAIN I，LAND I，Chan T H，et al. A new design framework for LT codes over noisy channels[C]//IEEE international symposium on information theory，2014：2162-2166.

[120] HUSSAIN I，Xiao M，RASMUSSEN L K. Buffer-based distributed LT codes[J]. IEEE transactions on communications，2014，62(11)：3725-3739.

[121] HUSSAIN I，Xiao M，RASMUSSEN L K. Erasure floor analysis of distributed LT codes[J]. IEEE transactions on communications，2015，63(8)：2788-2796.

[122] CHUNG S Y，RICHARDSON T J，URBANKE R L. Analysis of sum-product decoding of low-density parity-check codes using a Gaussian approximation[J]. IEEE transactions on information theory，2001，47(2)：657-670.

[123] DIVSALAR D，DOLINAR S，POLLARA F. Low complexity Turbo-like codes[C]// Proceedings of international symposium on turbo codes，2000：70-72.

[124] GAMAL H E，HAMMONS A R. Analyzing the Turbo decoder using the Gaussian approximation[J]. IEEE transactions on information theory，2001，47(2)：671-686.

[125] LEHMANN F，MAGGIO G M. Analysis of the iterative decoding of LDPC and product codes using the Gaussian approximation[J]. IEEE transactions on information theory，2003，49(11)：2993-3000.

[126] RICHARDSON T J，URBANKE R L. The capacity of low-density parity-check codes under message-passing decoding[J]. IEEE transactions on information theory，2001，47(2)：599-618.

[127] RICHARDSON T J，SHOKROLLAHI M A，URBANKE R L. Design of capacity-approaching irregular low-density parity-check codes[J]. IEEE transactions on information theory，2001，47(2)：619-637.

[128] SHARON E，ASHIKHMIN A，LITSYN S. EXIT functions for the Gaussian channel[C]// Proceedings of the annual allerton conference on communication control and computing，2003，41：972-981.

[129] ARDAKANI M，KSCHISCHANG F R. A more accurate one-dimensional analysis and design of irregular LDPC codes[J]. IEEE transactions on communications，2004，52(12)：2106-2114.

[130] 李璐颖. 无线通信中喷泉码应用关键技术研究[D]. 北京：北京邮电大学，2011.

[131] BRANNSTROM F，RASMUSSEN L K，GRANT A J. Convergence analysis and optimal scheduling for multiple concatenated codes[J]. IEEE transactions on information theory，2005，51(9)：3354-3364.

[132] SCHWARZ H，MARPE D，WIEGAND T. Overview of the scalable video coding extension of the H.264/AVC standard[J]. IEEE transactions on circuits and systems for video technology，2007，17(9)：1103-1120.

[133] WIEGAND T，SULLIVAN G J，BJONTEGAARS G，et al. Overview of the H.264/AVC video coding standard[J]. IEEE transactions on circuits and systems for video technology，2003，13(7)：560-576.

[134] 刘勇. 基于图像视频编码的不等差错保护方法的研究[D]. 北京：北京邮电大学，2010.

[135] YE Y，ANDRIVON P. The scalable extensions of HEVC for ultra-high-definition video delivery[J]. IEEE multimedia，2014，21(3)：58-64.

[136] BOYCE J M，YE Y，CHEN J，et al. Overview of SHVC: Scalable extensions of the high efficiency video coding standard[J]. IEEE Transactions on circuits and systems for video technology，2016，26(1)：20-34.

[137] STOCKHAMMER T, HANNUKSELA M M, WIEGAND T. H.264/AVC in wireless environments[J]. IEEE transactions on circuits and systems for video technology, 2003, 13(7): 657-673.

[138] XIANG W, ZHU C, SIEW C K, et al. Forward error correction-based 2-D layered multiple description coding for error-resilient H.264 SVC video transmission[J]. IEEE transactions on circuits and systems for video technology, 2009, 19(12): 1730-1738.

[139] HAMZAOUI R, STANKOVIC V, XIONG Z. Optimized error protection of scalable image bit streams [advances in joint source-channel coding for images][J]. IEEE signal processing magazine, 2005, 22(6): 91-107.

[140] SCHAAR M V D, KRISHNAMACHARI S, CHOI S, et al. Adaptive cross-layer protection strategies for robust scalable video transmission over 802.11 WLANs[J]. IEEE journal on selected areas in communications, 2003, 21(10): 1752-1763.

[141] TALARI A, KUMAR S, RAHNAVARD N, et al. Optimized cross-layer forward error correction coding for H.264 AVC video transmission over wireless channels[J]. EURASIP journal on wireless communications and networking, 2013, 1: 206.

[142] WU Y, KUMAR S, HU F, et al. Cross-layer forward error correction scheme using raptor and RCPC codes for prioritized video transmission over wireless channels[J]. IEEE transactions on circuits and systems for video technology, 2014, 24(6): 1047-1060.

[143] PEI Y, MODESTINO J W. Cross-layer design for video transmission over wireless rician slow-fading channels using an adaptive multiresolution modulation and coding scheme[J]. Eurasip journal on advances in signal processing, 2007, 1: 1-12.

[144] KHALEK A A, CARAMANIS C, HEATH R W. A cross-layer design for perceptual optimization of H.264/SVC with unequal error protection[J]. IEEE journal on selected areas in communications, 2012, 30(7): 1157-1171.

[145] BARMADA B, GHANDI M M, JONES E V, et al. Combined Turbo coding and hierarchical QAM for unequal error protection of H.264 coded video[J]. Signal processing: image communication, 2006, 21(5): 390-395.

[146] VITTHALADEVUNI P K, ALOUINI M S. Exact BER computation of generalized hierarchical PSK constellations[J]. IEEE transactions on communications, 2004, 51(12): 2030-2037.

[147] VITTHALADEVUNI P K, ALOUINI M S. A recursive algorithm for the exact BER computation of generalized hierarchical QAM constellations[J]. IEEE transactions on information theory, 2003, 49(1): 297-307.

[148] NGUYEN H X, NGUYEN H H, LE-NGOC T. Signal transmission with unequal error protection in wireless relay networks[J]. IEEE transactions on vehicular technology, 2010, 59(5): 2166-2178.

[149] Digital video broadcasting (DVB): frame structure, channel coding and modulation for digital terrestrial television (DVB-T)[S]. France: ETSI, 1997.

[150] MORIMOTO M, OKADA M, KOMAKI S. A hierarchical image transmission system for multimedia mobile communication[C]//International workshop on wireless image/video communications, 2002: 80-84.

[151] O'LEARY S. Hierarchical transmission and COFDM systems[J]. IEEE transactions on broadcasting, 1997, 43(2): 166-174.

[152] ASANO D K, KOHNO R. Serial unequal error-protection codes based on trellis-coded modulation[J]. IEEE transactions on communications, 1997, 45(6): 633-636.

[153] YAMAZAKI S，ASANO D K. A serial unequal error protection code system using multilevel trellis coded modulation with two ring signal constellations for AWGN channels[C]// International symposium on intelligent signal processing and communication systems. IEEE，2009：315-318.

[154] NGUYEN H X，NGUYEN H H，LE-NGOC T. Signal transmission with unequal error protection in relay selection networks[J]. IET communications，2010，4(13)：1624-1635.

[155] NGUYEN H X，NGUYEN H H，LE-NGOC T. Signal transmission with unequal error protection in wireless relay networks[J]. IEEE transactions on vehicular technology，2010，59(5)：2166-2178.

[156] KOOPMAN P，CHAKRAVARTY T. Cyclic redundancy code (CRC) polynomial selection for embedded networks[C]//International conference on dependable systems and networks，2004：145-154.

[157] WANG X，CHEN W，CAO Z. Throughput-efficient rateless coding with packet length optimization for practical wireless communication systems[C]//Global telecommunications conference，2010：1-5.

[158] GRADSHTEYN I S，RYZHIK I M. Table of integrals，series，and products[M]. New York：Academic Press，1994.

[159] 胡学龙. 数字图像处理[M]. 4 版. 北京：电子工业出版社，2020.

[160] GONZALEZ R C，WOODS R E. 数字图像处理[M]. 第四版. 阮秋琦，阮宇智，译. 北京：电子工业出版社，2020.

[161] 刘歆，刘玲慧，朱红军. 数字媒体技术基础[M]. 北京：人民邮电出版社，2021.

[162] 宗绪锋，韩殿元. 数字媒体技术基础[M]. 北京：清华大学出版社，2018.

[163] 皮塔斯. 数字视频处理与分析[M]. 张重生，等译. 北京：机械工业出版社，2017.

[164] 高文，赵德斌，马思伟. 数字视频编码技术原理[M]. 2 版. 北京：科学出版社，2018.

[165] 胡泽. 数字音频工作站[M]. 北京：中国广播电视出版社，2003.

[166] 韩宪柱. 数字音频技术及应用[M]. 北京：中国广播电视出版社，2003.

[167] 全国信息技术标准化技术委员会. 信息交换用汉字编码字符集 基本集：GB/T 2312－1980 [S]. 北京：中国标准出版社，1980.

[168] Unicode协会. Unicode 5.0 标准[S]. 孙伟峰，李德龙，译. 北京：清华大学出版社，2010.

[169] 李建文. 计算机字符编码：Unicode与Windows[M]. 北京：科学出版社，2016.

[170] 陈燕申，陈思凯. 美国国家标准机构的发展与作用探讨：ANSI的经验及启示[J]. 中国标准化，2016(8)：105-113.

[171] 莫绍强，陈善国. 计算机应用基础教程[M]. 北京：中国铁道出版社，2012.